汕头大学出版基金资助
汕头大学科研启动经费项目资助
汕头大学东南亚研究中心资助

产业视角下
东盟海洋经济发展潜力研究

杨程玲◎著

U0255044

经济管理出版社
ECONOMY & MANAGEMENT PUBLISHING HOUSE

图书在版编目（CIP）数据

产业视角下东盟海洋经济发展潜力研究／杨程玲著. —北京：经济管理出版社，2022.6
ISBN 978-7-5096-8474-0

Ⅰ.①产… Ⅱ.①杨… Ⅲ.①东南亚国家联盟—海洋经济—经济发展—研究
Ⅳ.①P74

中国版本图书馆 CIP 数据核字（2022）第 089069 号

组稿编辑：魏晨红
责任编辑：魏晨红
责任印制：赵亚荣
责任校对：张晓燕

出版发行：经济管理出版社
　　　　　（北京市海淀区北蜂窝 8 号中雅大厦 A 座 11 层　　100038）
网　　　址：www. E-mp. com. cn
电　　　话：（010）51915602
印　　　刷：北京虎彩文化传播有限公司
经　　　销：新华书店
开　　　本：710mm×1000mm /16
印　　　张：10.5
字　　　数：205 千字
版　　　次：2022 年 7 月第 1 版　　2022 年 7 月第 1 次印刷
书　　　号：ISBN 978-7-5096-8474-0
定　　　价：68.00 元

前　言

东南亚国家联盟（以下简称东盟）多为海洋国家，海岸线漫长，海域辽阔，海洋资源丰富。东盟海洋经济的发展具有得天独厚的条件，海洋产业成为国民经济的重要组成部分。近年来，随着东盟国家的海洋经济迅速发展，各国相应地重视海洋发展战略和政策的制定与实施，以此来推动海洋经济发展和促进海洋产业结构调整。

本书借鉴和运用海洋经济学理论与方法，以东盟国家海洋经济的发展历程为主线，阐述东盟主要国家海洋经济发展的现状和特征。在此基础上，探讨这些国家海洋产业对国民经济的贡献，并对各国海洋经济的发展战略与政策进行分析。在定性研究的基础上，基于因果关系检验，探讨东盟国家海洋经济与宏观经济增长的关系；采用标准化综合评价方法，分析东盟国家海洋经济与海洋资源环境的协调发展情况；运用因子分析方法，剖析东盟国家海洋经济发展潜力。

本书研究结果表明：①东盟国家海洋经济发展迅速，海洋产业面临着结构调整与转型；②东盟国家的海洋经济发展战略、法律法规和产业政策是各国海洋经济发展的重要制度保障；③东盟国家海洋经济与宏观经济增长互为因果关系；④东盟六国海洋资源环境与海洋经济发展总体不协调；⑤东盟国家海洋经济发展颇具潜力，新加坡、印度尼西亚、马来西亚位列前三位。

作为我国最重要的周边地区之一，东盟是推进"21世纪海上丝绸之路"的重要区域。其中，海洋产业合作将成为中国—东盟区域经济合作的新亮点。基于中国—东盟海洋经济发展状况，我国应积极制定和实施中国—东盟海洋经济合作的中长期战略；根据中国—东盟海洋资源和临港产业的优势，参照东盟互联互通规划，选择中国—东盟海洋产能合作的主要领域和关键项目；通过跨区域合作、省级合作、港口城市合作以及临港产业集群实施地区对接；注重区域海洋产业安全，尤其是海洋资源开发的合作项目，需建立海洋产业安全和风险防范机制。

目 录

第一章 绪论

近年来，东盟国家海洋经济迅速发展，各国制定了海洋经济发展战略与政策，海洋产业已成为国民经济的重要组成部分。在构建蓝色经济的过程中，如何协调好海洋经济与经济增长、海洋经济与海洋资源环境之间的关系，实现海洋经济可持续发展是充分发挥东盟国家海洋经济发展潜力的关键所在，也是本书的研究主题。

第一节　问题提出与研究意义

地球是一个蓝色星球，海洋总面积约占地球表面积的 71%，海水容量约占地球上总水量的 97%，全球超过一半的人口居住在距离海岸线 100 千米范围的沿海地区。根据联合国环境规划署（United Nations Environment Programme，UNEP）的估计，世界国民生产总值的 60% 来源于沿海区域，全球海洋经济活动总产值估计在 3 万亿~6 万亿美元。全球共有 3351 个城市位于沿海地区，20 个特大城市中的 13 个分布在沿海地区。海洋是人类赖以生存的重要领域和物质来源，海洋在全球供应链中发挥着重要作用。全球 80% 的物种来源于海洋，海洋为人类提供了超过一半的氧气。全球 90% 的货物运输是通过海上完成的，离岸石油和天然气产量占全球油气总产量的 30%，海洋产业每年提供大约 30 亿个就业岗位。[①] 伴随全球经济格局深度调整，世界沿海国家日益重视海洋经济发展，海洋经济正成为国家经济发展的重要增长极。然而，粗放式的增长方式、不合理的海洋产业结构导致的海洋环境恶化、生态系统失衡等问题又反过来限制了

---

① Whisnant R., Reyes A. Blue Economy for Business in East Asia: Towards an Integrated Understanding of Blue Economy [R]. PEMSEA, Quezon City, Philippines, 2015: 69.

沿海国家海洋经济的发展。

东盟国家除老挝外均为海洋国家，海域辽阔，海岸线漫长，海洋资源丰富。东盟国家的海岸线总长度约为17.3万千米，生活在距离海岸线100千米范围内的人口约占总人口的71%。21世纪初，世界上18个超过1000万人口的最大城市中，就有4个在东盟。①该地区是全球海产品主要的出口地区，泰国、越南海产品出口总量分别位列海产品出口国的第二名和第三名，世界港口排名前100位中有9个港口在东盟国家，海洋产业的增加值占东盟国家国内生产总值（Gross Domestic Product，GDP）的15%~20%。②随着东盟海洋经济的快速发展，涉海部门在经济与社会发展中扮演着重要的角色。不过，一方面由于东盟国家发展水平、社会制度、经济结构存在很大差异，各国海洋经济的发展水平也不尽相同；另一方面随着东盟国家海洋产业的附加值占国内生产总值的比重越来越大，海洋资源环境问题日显突出。因此，东盟国家海洋经济面临的一个严峻问题就是如何充分利用海洋资源环境禀赋，协调好海洋经济与经济增长、海洋经济与海洋资源环境之间的关系，制定相应的制度性保障措施，充分发挥本国海洋经济的潜力。

与东盟一样，中国也有漫长的海岸线，海洋资源丰富。当前，我国海洋经济运行与海洋产业发展表现出与东盟国家相似的特征：海洋经济发展速度过快、海洋经济与海洋资源环境失衡日趋严重、过度依赖资源型海洋产业等。特别是自我国提出海洋强国的发展战略以来，海洋经济发展速度超过任何一个时期，未来中国经济发展需要向海洋要空间。2015年，我国海洋开发的综合指标仅为3.4%，不仅低于世界平均水平（5%），更远远低于海洋经济发达国家的水平（14%~17%）。1999~2015年，海洋沉淀物质量监测结果表明，我国近岸2/3的重点海域受到营养盐污染，海洋沉淀物主要为汞、铜、铅、石油、硫化物等。因此，东盟国家海洋经济发展为我国提供了可资借鉴的经验与教训。

东盟是我国最重要的周边地区之一，也是推进"一带一路"倡议海上合作的重要区域。近年来，中国与东盟国家领导人多次强调中国与东盟海洋合作是双边合作的优先领域和重点方向。2011年11月，中国政府提出，中国高度重视与东盟国家构筑海上互联互通网络，形成中国—东盟多层次、全方位的海上

---

① Sosmena G. C. Marine Health Hazards in South-east Asia [J]. Marine Policy, 1994, 18 (2)：175-182.

② The Marine Economy in Times of Change [J]. Tropical Coasts, 2009, 16 (1)：17-18.

合作格局。为开展海上务实合作，中方设立了 30 亿元人民币的中国—东盟海上合作基金。2013 年，中国政府再次提出，稳步推进海上合作，发展海洋合作伙伴关系。同年，习近平主席在印度尼西亚首次提出愿同东盟国家共建"21 世纪海上丝绸之路"的构想。因此，论证东盟国家海洋经济发展潜力，探讨中国—东盟区域海洋经济合作，对进一步扩大和深化中国与东盟区域经济合作、推动"21 世纪海上丝绸之路"的建设具有重要的理论与实践意义。

第二节 国内外文献综述

一、产业视角下的海洋经济

（一）海洋经济评估

国际上，海洋经济包括海洋产业经济、海岸带经济以及非市场价值。对海洋经济的认识与评估经历了长期的演变过程。20 世纪 60 年代以后，美国学者首次研究了海洋产业部门对新英格兰地区经济的影响，随后，海洋产业成为海洋经济评估的重要指标，海洋产业经济对国民经济的贡献度这一指标也开始成为许多国家制定海洋政策和规划的重要参考。Pugh 和 Skitmer（2002）、Pugh（2005）、Allen（2004）、Kalaydjian（2006，2008）、Nzstats（2006）等分别对加拿大、英国、澳大利亚、法国的海洋经济价值评估问题进行了研究。其中，1988~2000 年，加拿大海洋部门的年均海洋经济增加值为 227 亿加元，占国内生产总值的 1.5%。2005~2006 年，英国海洋部门的海洋经济增加值占国内生产总值的 4.2%。澳大利亚 1996~2003 年的年均海洋经济增加值为 267 亿澳元，占国内生产总值的 3.6%。2005 年，法国海洋经济增加值为 215 亿欧元，占国内生产总值的 1.2%。[①] Colgan（2004）对海洋产业经济和海岸带经济两个概念

---

① 周秋麟，周通. 国外海洋经济研究进展 [J]. 海洋经济，2011，1（1）：58-61.

做了区分，并评估了美国海洋经济的贡献。[①] Kildow 和 Mcllgorm（2009）认为"海岸经济的国际比较还不可行"，而非市场价值就更难了。[②] 随着人们对海洋可持续发展的关注与重视，海洋资源环境的非市场价值日益受到海洋国家的关注。2014 年 3 月底，美国蒙特雷国际研究院蓝色经济中心国家海洋经济项目（National Ocean Economics Program，NOEP）发布《2014 年美国海洋与海岸带经济报告》，该报告从海岸带经济、海洋经济以及非市场价值三个方面全面论述了美国海洋经济的发展。研究表明，2012 年海岸带经济创造的就业达 6700 万人次，占美国总就业人数的 51%，创造的海洋经济增加值占 GDP 的 56.1%。[③]

关于东盟国家海洋经济核算，在 2004 年，亚太经济合作组织（Asia-Pacific Economic Cooperation，APEC）初步确定了构成海洋经济的核心经济部门，2009 年东亚海环境管理伙伴关系计划（Partnerships in Environmental Management for the Seas of East Asia，PEMSEA）组织东亚国家评估各国的海洋经济贡献，并提供主要海洋部门对经济贡献的信息。尽管使用的是不同的方法，但这些研究表明东盟国家涉海活动对该地区经济做出了重大贡献。2015 年 7 月，PEMSEA 又举办了一次蓝色经济评估研讨会，参与者来自印度尼西亚、马来西亚、菲律宾、韩国、泰国、越南和中国。与会者报告了各国的海洋经济发展现状，沿海和海洋生态系统服务，以及涉海关键政策和计划。

海洋经济在国民经济中的地位与作用因国家经济发展水平不同而不同。2015 年，中国的海洋生产总值占国内生产总值的 9.6%。2000 年，日本的海洋经济增加值占其国内生产总值的 1.48%。[④] 2008~2011 年，韩国年均海洋经济增加值占其国内生产总值的 3.7%。[⑤] 2008 年，印度尼西亚海洋经济增加值对国内生产总值的贡献率达到 13%。[⑥] 2004~2007 年，越南海洋经济增加值对经济总量

① Colgan C. S. Measurement of the Ocean and Coastal Economy: Theory and Methods [C]. National Ocean Economics Project, USA. www. OceanEconomics. org.

② Kildow J. T., Mcllgorm A. The Importance Estimating the Contribution of the Oceans to National Economies [J]. Marine Policy, 2009 (9): 6.

③ 国家海洋信息中心.《2014 年美国海洋与海岸带经济报告》综述 [J]. 海洋经济动态，2014 (4).

④ Hiroyuki Nakahara. Economic Contribution of the Marine Sector to the Japanese Economy [J]. Tropical Coasts, 2009 (7): 49-53.

⑤ Chang Jeong-In. A Preliminary Assessment of the Blue Economy in South Korea [C]. Powerpoint Presented in the Inception Workshop on Blue Economy Assessment, 2015-07-28: 30.

⑥ Fahrudin A. Indonesian Ocean Economy and Ocean Health [C]. Powerpoint Presented in the Inception Workshop on Blue Economy Assessment, Manila, 28-30 July 2015.

的贡献率达到 22% 左右。[①] 2011～2013 年，菲律宾海洋经济年均贡献率为 5.35%。[②] Kildow 和 Mcllgorm（2010）认为，海洋经济对国民经济贡献度的差异可能表示不同国家国民经济对海洋的依赖程度不相同，同时也反映了一个国家经济多样化程度。工业化程度较高、社会发展多样化的国家，海洋经济的附加值所占国民生产总值的比例较低；反之，工业化水平较低的沿海国家，海洋经济对国内经济的贡献率可能较高。[③]

海洋经济对国民经济的贡献并不局限于就业和产出，它还在更大程度上影响着国民经济。例如，海洋产业中的企业从其他产业购买中间投入品，海洋产业中的雇工从其他行业购买商品，而这些产业的发展间接依靠海洋产业的发展，这种现象被称为海洋经济的引致效应，并会引起"乘数效应"。[④] 在间接贡献和乘数效应研究中，Rikrik（2009）使用 I-O 模型分析了印度尼西亚海洋相关部门的产出、收入和劳动力乘数，研究表明海洋建筑业、滨海旅游业、海洋制造业和海上运输这四个行业的乘数普遍较高，这意味着这些行业未来可以成为主导性行业。[⑤] Shin 和 Yoo（2009）分析韩国 33 个海洋经济部门的前向和后向关联作用，结果表明海洋产业具有前向关联性弱、后向关联性强、生产诱导率高、供应短缺成本低、价格变动普遍性差以及就业诱导效率高等特点。[⑥]

（二）APEC 分类法下主要海洋国家的海洋产业统计

目前，世界上海洋产业分类主要有四种分类体系，分别是美国、加拿大《北美产业分类体系》（*North American Industry Classification System*），大洋洲的《澳大利亚和新西兰标准产业分类》（NAZSIC），欧洲的《欧洲共同体内部经济活动的一般产业分类》（NACE）以及东亚的亚太经合组织（APEC）的海洋产

---

① Tuan V. S. and Duc N. K. The Contribution of Viet Nam's Economic Marine and Fisheries Sectors to the National Economy from 2004-2007 [J]. Tropical Coasts, 2009（7）：36-39.

② Talento R. J. Accounting for the Ocean Economy Using the System of National Accounts [J]. Ocean and Coastal Economics, 2016, 2（2）：15-18.

③ Kildow J. T. , Mcllgorm A. The Importance of Estimating the Contribution of the Oceans to National Economies [J]. Marine Policy, 2010, 34（3）：367-374.

④ 国家海洋信息中心.《2014 年美国海洋与海岸带经济报告》综述 [J]. 海洋经济动态，2014（4）：16.

⑤ Rikrik Rahadian et al . The Contribution of the Marine Economic Sectors to the Indonesian National Economy [J]. Tropical Coasts, 2009（7）：54-59.

⑥ Chul-Oh Shin and Seung-Hoon Yoo. Economic Contribution of the Marine Industry to RO Korea's National Economy Using the Input-Output Analysis [J]. Tropical Coast, 2009, 16（1）：27-35.

业分类体系。2005 年，亚太经合组织海洋资源保护工作组（APEC Marine Resources Conservation Working Group）把海洋产业分为海洋渔业（包括捕捞和养殖）、海洋油气业（包括矿产）、海洋船舶业（包括海洋交通运输）、海洋国防（政府服务）、海洋建筑业（包括防御和娱乐设施）、滨海旅游业、海洋制造业（包括设备、医药等）、海洋服务（包括绘图、调研、咨询）以及海洋研究与教育。

根据 APEC 对海洋产业的分类，海洋渔业、海洋油气业和海洋船舶业显然被视为海洋产业，海洋属性很容易地被识别出来，其他类别的经济活动介于在陆地和海洋之间，所以存在划定问题。例如，在滨海旅游业中，与海洋相邻的酒店被视为海洋旅游支出的一部分。对于东盟国家，印度尼西亚提供了七个产业的统计数据，分别是海洋渔业、海洋油气业、海洋船舶业、海洋建筑业、海洋制造业、滨海旅游业以及海洋服务业；马来西亚除了海洋服务业、海洋研究与教育、海洋国防外，其他产业都有统计；菲律宾提供了海洋渔业、海洋油气业、海洋船舶业、海洋制造业、滨海旅游业、海洋研究与教育以及海洋国防的统计数据；泰国提供了海洋渔业、海洋油气业、海洋船舶业、海洋制造业、滨海旅游业、海洋研究与教育，以及一些海洋国防的统计数据；越南提供了海洋渔业、海洋油气业、海洋船舶业、海洋建筑业、海洋制造业、滨海旅游业以及海洋国防的统计数据（见表 1-1）。

表 1-1　APEC 分类法下主要海洋国家的海洋产业统计

序号	产业分类	美国	英国	加拿大	澳大利亚	中国	印度尼西亚	马来西亚	菲律宾	泰国	越南
1	海洋渔业（包括捕捞和养殖）	*	*	*	*	*	*	*	*	*	*
2	海洋油气业（包括矿产）	*	*	*	*	*	*	*	*	*	*
3	海洋船舶业（包括海洋交通运输）	*	*	*	*	*	*	*	*	*	*
4	海洋建筑业（包括防御和娱乐设施）	*	*	*		*	*	*	n/a	n/a	*
5	海洋制造业（包括设备、医药）	*	*	*	*		*	*	*	*	*
6	滨海旅游业	*	*	*	*	*	*	*	*	*	*
7	海洋服务（包括绘图、调研、咨询）		*	*		*	*	n/a	n/a	*	n/a
8	海洋研究与教育		*	*		*	n/a	n/a	*	*	n/a
9	海洋国防（包括政府服务）	n/a	*				n/a	n/a			*

资料来源：根据 Kildow 和 Mcllgorm（2009）整理制作。

从表 1-1 中可见，各国对海洋渔业、海洋油气业、海洋船舶业和滨海旅游业的分类最为一致，海洋油气业（包括矿产）、海洋渔业（包括捕捞和养殖）、海洋船舶业（包括海洋交通运输）和滨海旅游业是海洋经济中最典型的海洋产业，各国海洋经济均将这四个产业纳入本国的国民账户中，但是这并不意味着这些部门在不同的国家间具有相同的含义，因为类别将根据不同国家资源和行业惯例而有所不同。

(三) 海洋产业国际间比较分析

国际间海洋经济比较分析的研究源于海洋在资源丰裕度、生态环境、区域等上的各异，加上国家社会、经济等的不同，形成了国际上不同的海洋经济发展特征，而比较国际间海洋经济也有利于总结经验和教训，为区域海洋经济发展提供借鉴意义。为此，一些学者从国际层面比较分析沿海国家的海洋经济发展。[①]

世界海洋经济发展战略研究课题组（2007）通过选取海洋渔业、海洋油气业、海洋交通运输业与船舶修造业、滨海旅游业以及海洋工程建筑业五个产业作为海洋经济的典型代表，比较分析了美国、英国、加拿大、澳大利亚、法国、日本与中国七个主要沿海国家的海洋经济，研究表明国际海洋经济呈现产业结构高级化、产业结构合理化、产业支撑科技化、资源利用绿色化四大发展趋势。[②] 刘康（2013）比较分析了美国、澳大利亚、加拿大、英国、法国、中国、日本、韩国等主要沿海国家的海洋开发现状，包括海洋经济政策、海洋经济占GDP 比重、海洋经济产业市场规模、海洋科学技术、海洋环境健康状况等，总结了未来海洋经济发展的趋势。[③] 胡振宇（2013）从海洋油气业、海洋工程装备业、海洋交通运输业、海洋渔业这四大产业，分析中国海洋经济的国际地位。[④] 谭文静（2013）以东盟五国为例，分析五国海洋经济的发展，主要剖析东盟五国主要海洋产业的现状和特征，探讨这些国家主要海洋产业对国民经济的贡献，并对各国海洋经济的发展战略与政策进行分析，最后提出中国—东盟海洋产业

---

① 吴云通. 基于产业视角的中国海洋经济研究 [D]. 中国社会科学院研究生院博士学位论文，2016.

② 世界海洋经济发展战略研究课题组. 主要沿海国家海洋经济发展比较研究 [J]. 统计研究，2007，9（24）：43-47.

③ 刘康. 国际海洋开发态势及其对我国海洋强国建设的启示 [J]. 科技促进发展，2013（5）：57-64.

④ 胡振宇. 中国海洋经济的国际地位——四大产业比较 [J]. 开放导报，2013（1）：7-13.

合作的对策建议。① Evers（2010）使用海洋潜力、海洋经济以及海洋能效三个指标，对海洋经济发展进行了比较研究。②

有学者分析与比较各国海洋经济发展的制度性保障，其中包括海洋经济管理体制和模式、政策制定、机制形成等。周剑（2015）比较分析了美国、加拿大、挪威、西班牙、欧盟等发达国家的海洋经济软环境。总的来看，这些国家的经验是：建立和完善海洋经济发展的区域协调机制、改善海洋经济综合管理体制、确立适度的海洋管理职能、促进海洋经济发展多元化与竞争力、提高海洋资源利用效率以及制定和实施海洋经济发展规划与政策。③ Cruz 和 Mclaughlin（2008）比较分析了美国、墨西哥、古巴和欧盟等国家的海洋经济政策，如各国的海洋经济规划、政府财税支持政策、管理机构等，探讨制定一个符合墨西哥湾区内部各国都能接受的海洋经济发展战略与政策。④

二、海洋经济发展潜力研究

（一）海洋经济与宏观经济增长

21 世纪是海洋的世纪，海洋与经济增长关系密切。随着世界经济的发展和科学技术的进步，人口的日益增长导致粮食安全和环境压力，海洋资源的重要性日益凸显。自 21 世纪以来，大多数沿海国家都把海洋资源的开发与利用作为国家重要的发展战略，因此，海洋经济与国家经济增长的关系成为研究的主题。Sigfusson 等（2013）认为，海洋部门对国内生产总值的贡献可分为三个部分：一是直接贡献，包括海洋产业本身所创造的增加值；二是间接贡献，包括海洋产业链之间（前向联系和后向联系）产生的增加值；三是诱发效应

① 谭文静. 东盟五国海洋产业的比较研究 [D]. 厦门大学硕士学位论文，2013.
② Evers H. D. Measuring the Maritime Potential of Nations：The Cen PRISs Ocean Index，Phase One（ASEAN）[J]. MPRA Paper，2010.
③ 周剑. 海洋经济发达国家和地区海洋管理体制的比较及经验借鉴 [J]. 世界农业，2015（5）：96-100.
④ Cruz I.，Mclaughlin R. J. Contrasting Marine Policies in the United States，Mexico，Cuba and the European Union：Searching for an Integrated Strategy for the Gulf of Mexico Region [J]. Ocean & Coastal Management，2008，51（12）：826-838.

贡献，即通过海洋产业及其产业链的职工对商品和服务的需求所产生的增加值。①

孙瑛（2009）探讨了海洋经济与社会经济发展的相互推动、相互促进的作用关系，通过相关数据构建计量经济学模型进行实证分析，并提出了相应的政策建议。②方春洪等（2011）引入 VAR 模型，运用协整检验、因果检验、脉冲响应和方差分析的动态模拟手段对 1985~2008 年中国海洋经济增长对国民经济的影响机制进行了实证分析。结果表明，海洋经济增长能够促进后期国民经济增长，对国民经济的冲击表现出即期和延期效应，增长弹性呈先增后降的规律。③赵昕和井枭婧（2013）通过关系检验，剖析了海洋经济与宏观经济的关联机制，研究结果表明海洋经济的发展能够推动宏观经济的增长，增长的弹性系统趋于稳定，宏观经济的发展也能够拉动海洋经济的发展，但宏观经济对海洋经济促进作用的彻底释放需要 1~2 年的转换期。④姜旭朝和方建禹（2012）从海洋产业集群的角度分析了海洋经济与宏观经济增长的关联机制，发现海洋产业集群与沿海区域经济发展之间存在正向联系，沿海经济的发展能促进海洋产业集群的发展，海洋产业集群对沿海地区的经济贡献率大。⑤

（二）海洋经济与海洋资源环境

海洋经济的发展实质是对海洋资源的开发与利用，因此，海洋资源环境的评估显得十分重要。从生态资源来看，尽管多数国家没有在 GDP 核算中纳入生态资源的价值，但是鉴于生态资源的非市场价值具有重大贡献，许多研究开展了各种价值评估。2006 年，菲律宾海岸和海洋资源的经济价值为 240.6 亿美

①　Sigfusson T., Arnason R., Morrissey K. The Economic Importance of the Icelandic Fisheries Cluster—Understanding the Role of Fisheries in a Small Economy [J]. Marine Policy, 2013, 39 (1): 154-161.

②　孙瑛. 海洋经济与社会经济发展和谐度研究 [D]. 中国海洋大学硕士学位论文, 2009.

③　方春洪, 梁湘波, 齐连明. 海洋经济对国民经济的影响机制研究 [J]. 中国渔业经济, 2011, 29 (3): 56-62.

④　赵昕, 井枭婧. 海洋经济发展与宏观经济增长的关联机制研究 [J]. 中国渔业经济, 2013, 31 (1): 81-85.

⑤　姜旭朝, 方建禹. 海洋产业集群与沿海区域经济增长实证研究 [J]. 中国渔业经济, 2012, 30 (3): 103-107.

元。① 2015 年，印度尼西亚的海岸和海洋资源的经济价值为 2447.9 亿美元。② 2009 年，泰国的海岸和海洋资源的经济价值总量为 276.7 亿美元。③ 2012 年，韩国的海岸和海洋资源的经济价值总量为 404.6 亿~425.4 亿美元。④东盟国家海洋资源丰富，物种多样。2012 年，东盟生态多样性中心评估了东盟地区珊瑚礁、红树林的生态系统服务价值。据估计，东盟珊瑚礁的潜在经济价值为 127 亿美元，占全球海洋经济价值估算的 40% 以上。⑤ Jin 等（2003）构建海岸带经济的投入产出模型，模拟生态系统生产力的变化对渔业的影响，结果表明环境和生态系统结构的破坏导致渔业经济价值的减少。总的来说，海洋经济的发展受制于海洋生态资源。⑥

从空间禀赋上看，相对于海岸线较短的国家，拥有较长海岸线的国家处于有利地位，内陆国家的优势较小。Hans-Dieter Evers（2010）参考经济合作与发展组织（Organization for Economic Cooperation and Development，OECD）、联合国和世界银行的评估方法（KAM）和人类发展指数（Human Development Index，HDI），用三个指数来衡量东盟九国的海洋经济发展，即海洋潜力指数（Maritime Potential Index，MPI）、海洋经济指数（Maritime Economy Index，MEI）和海洋成效指数（Maritime Achievement Index，MAI；或 CenPRIS Ocean Index，COI）。2005 年，东盟国家的海洋潜力指数（MPI）依次为：新加坡（100）、菲律宾（96.96）、印度尼西亚（84.54）、马来西亚（72.39）、文莱（60.98）；各国的海洋经济指数（MEI）分别为：新加坡（90.52）、印度尼西亚（88.59）、马来西亚（65.74）、泰国（57.27），而菲律宾、越南、缅甸、柬埔寨、文莱均低于东盟平均水平；各国的海洋成效指数（COI）分别为：泰国（100）、缅甸（70.9）、印度尼西亚（65.84）、马来西亚（56.67）、新加坡（53.7），而其余

① World Bank. Country Environmental Assessment：Philippines ［R］. 2006.

② Fahrudin A. Indonesian Ocean Economy and Ocean Health. Powerpoint Presented in the Inception Workshop on Blue Economy Assessment ［C］. Manila，2015-07-28：30.

③ Jarayahand S.，Chotiyaputta C. and Jarayahand P.，et al. Contribution of the Marine Sector to Thailand's National Economy ［J］. Tropical Coast，2009，16（1）：22-26.

④ Chang Jeong-In. A Preliminary Assessment of the Blue Economy in South Korea. Powerpoint presented in the Inception Workshop on Blue Economy Assessment ［C］. Manila，2015-07-28：30.

⑤ Brander L.，F. Eppink. The Economics of Ecosystems and Biodiversity in Southeast Asia（ASEAN TEEB）. Scoping Study. ASEAN Centre for Biodiversity，2015.

⑥ Jin D.，Hoagland P.，Dalton T. M. Linking Economic and Ecological Models for a Marine Ecosystem ［J］. Ecological Economics，2003，46（3）：367-385.

国家均低于东盟平均水平。①

(三) 海洋经济的管理与创新

在海洋经济发展过程中，宏观经济环境、海洋经济发展水平和海洋可持续发展影响海洋经济的发展，此外，海洋科技与创新和海洋管理水平也在不同程度上影响着海洋经济发展潜力。在海洋管理方面，Benito 等 (2003) 认为，在海洋产业发展进程中，政府的作用体现在制度、技术、后勤和教育等基础性措施方面。② Mazzarol (2004) 认为，政府部门对澳大利亚海洋综合体进行的大量投资，有力地支持了本区域海洋产业的发展③。Chua 等 (2006) 认为，北美地区所有的海岸带都制订了海岸带综合管理规划，对东亚国家具有借鉴作用。④周立波 (2008)⑤、张繁荣和薛雄志 (2009)⑥、范晓婷 (2009)⑦、郑敬高和范菲菲 (2012)⑧ 对海洋管理制度与机构层面的研究表明，海洋协调机构、法律法规对海洋资源和环境管理有重要意义；在海洋科技与创新方面，研究和创新是未来蓝色增长潜力的关键。Thomson Reuters 发布科技创新报告，指出全球专利数量 2001~2011 年翻了 1 倍，但是在海洋活动的专利数量则翻了两番 (286%)。海洋出版物从 2001 年的 1300 份上升至 2011 年的 5000 份，其快速增长表明海洋科技与创新扮演了越来越重要的角色，海水淡化、风能、海洋可再生能源以及藻类养殖的创新和商业化显然占优势。伍业锋和施平 (2006)、曹先珂 (2006)、刘大

---

① Evers H. D., Measuring the Maritime Potential of Nations. The CenPRIS ocean index, phase one (ASEAN), MPRA paper [J/OL]. 2011, 3 (11).

② Benito G. R. G. et al., A Cluster Analysis of the Maritime Sector in Norway [J]. International Journal of Transport Management, 2003 (14)：203-215.

③ Mazzarol T. Industry Networks in the Australian Marine Complex [R]. CEMI Report, 2004.

④ Chua T. E., Bonga D., and Atrigenio N. B. Dynamics of Integrated Coastal Management：PEMSEA's Experience [J]. Coastal Management, 2006, 34 (3)：303-322.

⑤ 周立波. 浅论海洋行政执法协调机制若干问题 [J]. 海洋开发与管理, 2008 (4)：5-19.

⑥ 张繁荣, 薛雄志. 区域海洋综合管理中地方政府间关系模式构建的思考 [J]. 海洋开发与管理, 2009 (1)：21-25.

⑦ 范晓婷. 我国海洋立法现状及其完善对策 [J]. 海洋开发与管理, 2009 (7)：70-74.

⑧ 郑敬高, 范菲菲. 论海洋管理中的政府职能及其配置 [J]. 中国海洋大学学报 (社会科学版), 2012 (2)：20-25.

海等（2008）均构建了海洋科技综合评价指标体系。①叶向东（2011）阐述了我国与 APEC 海洋经济技术合作重点领域，并提出了相应的对策。②

（四）海洋经济发展潜力

国际上，针对经济发展潜力的研究由来已久。有些学者从经济地理学的角度构建经济发展潜力指数，而一些学者则运用这一指数分析人口和产业发展的问题。③20 世纪 90 年代后，经济发展潜力指数被纳入主流经济分析，从单一指标向综合性指标发展。Abizadeh 等（1990）运用因子分析法比较与分析了 52 个国家的经济增长潜力，并提出了政策与建议④。

国内对经济发展潜力的研究起步较晚，解三明（2008）构造生产函数，测算我国产出的潜在均衡增长趋势。⑤余晓霞和米文宝（2008）⑥、柯善咨和韩峰（2013）⑦ 以及高孝伟等（2014）⑧ 对中国整体或局部地区经济发展潜力进行了研究。在经济增长潜力研究中，AHP 法以及因子分析法⑨得到了广泛应用。区域经济发展潜力评价指标体系有社会因素、环境因素、科技与创新、基础设施建设等。

关于海洋经济发展潜力的研究，王芳（1999）从海洋资源条件、开发利用现状、地区经济的不平衡发展、产业结构及其布局、科技进步的作用等方面进行了理论分析，提出海洋经济发展具有巨大潜力，并将成为国民经济发展的新增长点，尤其指出了科技进步是产业结构合理调整和产业布局变化的决定性推

---

① 伍业锋，施平. 沿海地区海洋科技竞争力分析与排名 [J]. 上海经济研究，2006 (2)：26-33；黄瑞芬，曹先珂. 基于层次分析法的沿海省市海洋科技竞争力比较与分析 [J]. 中国水运，2006 (12)：186-189；刘大海，李朗，刘洋，刘其舒. 我国"十五"期间海洋科技进步贡献率的测算与分析 [J]. 海洋开发与管理，2008 (4)：12-15.

② 叶向东. APEC 海洋经济技术合作的政策建议 [J]. 福州党校学报，2011 (4)：23-26.

③ Rich D. C. Population Potential, Potential Transportationcost and Industrial Location [J]. Area, 1978 (10).

④ Abizadeh F., Abizadeh S. and Basilevsky, A. Potential for Economic Development：A Quantitative Approach [J]. Social Indicators Research, 1990, 22 (1).

⑤ 解三明. 我国"十二五"时期至 2030 年经济增长潜力和经济增长前景分析研究 [J]. 经济学动态，2008 (3).

⑥ 余晓霞，米文宝. 县域社会经济发展潜力综合评价——以宁夏为例 [J]. 经济地理，2008 (4).

⑦ 柯善咨，韩峰. 中国城市经济发展潜力的综合测度和统计估计 [J]. 统计研究，2013 (3).

⑧ 高孝伟，孔锐，周晓玲. 中国省域经济发展潜力综合评价 [J]. 资源与产业，2014 (6).

⑨ 金延杰. 中国城市经济活力评价 [J]. 地理科学，2007 (1).

动力。①刘明（2009）将海洋经济的发展潜力归于资源和环境因素，说明海洋经济发展受到资源和环境的限制这一重要特点。②狄乾斌等（2009）构建了海洋经济可持续发展评价指标体系，其中指标体系包括海洋资源环境、海洋经济以及社会发展三个子系统，28个可量化的指标，对海洋经济可持续发展进行实例应用研究。③戴桂林和孙晓娜（2013）选取了四个子系统，即海洋经济发展现状、海洋资源供给能力、海洋环境承载力以及海洋科技力量，建立了区域海洋经济发展潜力评价体系。运用主成分分析法对18个指标进行了定量分析，得出了11个地区海洋经济发展潜力综合排名，并分析了各地区海洋经济发展中存在的问题。④张焕焕（2013）从国际竞争力的角度出发，构建了包括国家宏观经济环境、海洋科学技术水平、海洋产业经济水平、海洋管理水平和海洋经济可持续发展水平5个大类、23个小类的海洋产业国际竞争力评价指标体系，并对10个发达国家的海洋经济国际竞争力进行了综合排名。⑤

三、海洋经济发展的制度性保障

（一）蓝色经济

2012年，"蓝色经济"这一术语正式出现在里约热内卢举行的可持续发展会议上，该会议也被称为"里约+20"。参会者在4个不同的主题中使用了"蓝色经济"：①海洋作为自然资本；②海洋作为优秀的企业；③海洋对太平洋小岛屿发展中国家的重要作用；④海洋作为小型渔业的谋生手段。尽管大会努力解释它的具体含义，但是关于"蓝色经济"并没有达成共识。"里约+20"峰会后，联合国开发计划署（The United Nations Development Programme，UNDP）、联合国粮农组织（Food and Agriculture Organization of the United Nations，FAO）、

① 王芳．我国海洋经济发展潜力［J］．国土与自然资源研究，1999（1）：6-8.
② 刘明．我国海洋经济发展潜力分析［J］．中国统计，2009，118（12）：12-13.
③ 狄乾斌，韩增林．海洋经济可持续发展评价指标体系探讨［J］．地域研究与开发，2009，28（3）：117-121.
④ 戴桂林，孙晓娜．我国区域海洋经济发展潜力评价体系的构建与实证分析［J］．中国渔业经济，2013，31（2）：94-99.
⑤ 张焕焕．我国海洋产业国际竞争力研究［D］．哈尔滨工程大学硕士学位论文，2013.

亚太经合组织（APEC）以及东亚海洋国家政府呼吁努力推进"蓝色经济"。①

联合国开发计划署认为"蓝色经济"作为海洋空间发展的概念化，空间规划需要整合保护，以保证资源的可持续利用。蓝色经济应该在经济模式中加入海洋服务价值，在基础设施建设、贸易、资源开采以及生产过程中制定相关政策，以防止环境在经济发展中恶化。亚太经合组织认为"蓝色经济"以经济增长为目的，通过推进海洋和海岸带资源以及生态系统的保护与管理，实现可持续发展。联合国粮农组织将"蓝色经济"理念融入其全球倡议的蓝色增长活动中，其核心在于利用海洋及海岸带的资源潜力，保证食品安全、减贫和资源的可持续管理，并促进国与国之间的合作。

在国际和区域组织的推动下，东盟部分国家已主动关注"蓝色经济"概念。2012年，第四届东亚海洋大会发表了"未来建议"，并签署了《昌原宣言》，来自东盟国家、中国、日本和韩国的部长参与了蓝色会议的讨论。2015年，PEMSEA 开始为亚洲经济体开发新的蓝色经济计量项目。该项目总结了东亚7个国家的蓝色经济产业，研讨会一致认为未来50年"蓝色经济"增长出现在以下8个产业：①滨海旅游；②鱼类及海鲜加工；③生物；④技术和制药；⑤生态工程与修复；⑥生态养殖；⑦蓝色债券和保险；⑧可再生能源。②

（二）海洋发展战略及政策

2005年，PEMSEA 发布了《国家海洋与海岸带政策发展框架》，认为国家制定海洋与海岸带政策有利于海洋资源管理，保护生态系统，推动经济增长和社会公平，促进国家间的合作。但是，海洋与海岸带政策的制定需要对不同部门、不同政府机构、不同学科甚至不同空间进行整合。③ Mokhtar 和 Aziz（2003）论述马来西亚海洋经济发展战略的目标和方向，分析这些目标和战略转化为政策工具，如法律、行政命令、指南或是经济手段，并为沿海地区的开发与管理指明了方向。④他们认为海洋发展战略有助于将传统的部门管理结构转变为全面

---

① Whisnant R. , Reyes A. Blue Economy for Business in East Asia: Towards an Integrated Understanding of Blue Economy [R]. PEMSEA, Quezon City, Philippines, 2015.

② Proceeding of the Inception Workshop on Blue Economy Assessment [C]. Manila, 2015-07-28: 30.

③ Framework for National Coastal and Marine Policy Development [R]. PEMSEA Technical Report, 2005.

④ Mokhtar M. B. , Aziz S. A. B. A. G. Integrated Coastal Zone Management Using the Ecosystems Approach, Some Perspectives in Malaysia [J]. Ocean & Coastal Management, 2003, 46 (5): 407-419.

的管理体系，实现经济增长的目标，并对生态系统作出适当的反应。Othman 等（2011）从产业政策的角度，调查了马来西亚航运、船舶工业、港口三个海事产业集群，发现竞争、目标定位、联通性、政府管理和机会因素影响马来西亚海事产业集群能力。[①]

在国内研究中，李景光（2014）回顾与分析了国外海洋管理与执法体制，对欧美主要发达国家以及亚洲主要海洋国家的海洋管理体制、海洋发展战略与法律、海洋执法队伍与职责进行了研究和评析。[②]于向东（2008）分析了越南的海洋发展战略制定与实施历程，研究表明越南的《2020 年海洋战略规划》使越南"海洋强国"的战略目标更加明确。[③]吴崇伯（2015）从印度尼西亚新总统佐科的海洋强国梦分析了印度尼西亚海洋经济发展战略，认为未来印度尼西亚将从基础设施建设、海洋资源维护与管理、海洋产业政策以及海洋外交四个方面发展海洋经济。[④]雷小华和黄志勇（2014）对菲律宾的海洋管理政策、海洋立法、海洋执法管理以及与之相关的管理体制等进行了研究和评析。[⑤]

（三）海洋合作

也有学者从产业合作探讨海洋经济发展的制度性保障。东盟国家 90% 的贸易量需要通过海洋运输，海洋交通运输成为东盟区域内最先合作的海洋产业，海运业的合作带动了基础设施合作与投资，随后带动了其他产业的发展。Nazery（2009）指出，2005 年东盟区内贸易占该地区贸易总额的 25%，东盟内部贸易的增长带来了运输服务需求的增长，并以此促进该地区更大的贸易。在东盟投资框架协议倡议下，整合东亚海洋运输服务和基础设施以进一步推动投资自由化和便利化，促使区域内交通领域的相互投资。[⑥]王勤（2016）阐述了东盟海洋渔业、海洋油气业、滨海旅游业、海洋运输业等海洋产业的发展，并对

---

① Othman M. R., Bruce G. J. and Hamid S. A. The Strength of Malaysian Maritime Cluster: The Development of Maritime Policy [J]. Ocean & Coastal Management, 2011, 54 (8): 557-568.

② 李景光. 国外海洋管理与执法体制 [M]. 北京：海洋出版社，2014.

③ 于向东. 越南全面海洋战略的形成述略 [J]. 当代亚太，2008 (5): 100-110.

④ 吴崇伯. 印度尼西亚新总统佐科的海洋强国梦及其海洋经济发展战略试析 [J]. 南洋问题研究，2015 (4): 11-19.

⑤ 雷小华，黄志勇. 菲律宾海洋管理制度研究及评析 [J]. 东盟研究，2014 (1): 64-72.

⑥ Nazery K., Margaret A., and Zuliatini M. J., The Importance of the Maritime Sector in Socioeconomic Development: A Malaysian Perspective [J]. Tropical Coast, 2009, 16 (1): 16-21.

东盟区域海洋产业合作进行了分析。①杨程玲（2016）通过东盟海运机构、行动计划和海运便利化机制分析了东盟海上互联互通的战略措施。②蔡鹏鸿（2015）认为，东盟国家积极与区域外国家开展海洋合作，合作内容和合作层次不断拓展和深化。其中，中国—东盟海洋合作正成为推动中国—东盟战略伙伴关系发展的重要支柱之一。③杜兴鹏（2015）提出了关于加强中国—东盟海上互联互通的五点对策建议。④但是中国—东盟海洋经济合作存在的挑战有区域外大国因素，尤其是美国"重返亚太"对该区域的不利影响。中国—东盟海洋合作面对的障碍和问题有南海主权争议、政治互信基础不够坚固、区域合作机制存在的缺陷以及双方在海洋环境方面等的挑战（余珍艳，2016）。⑤

第三节　研究方法和主要内容

一、研究方法

本书借鉴和吸收当代海洋经济学的理论和方法，以东盟主要国家海洋经济的发展为主线，阐述各国主要海洋产业发展的现状和特征，分析这些国家海洋经济发展战略与政策，探讨东盟国家海洋经济、宏观经济增长和海洋资源环境的关系，揭示东盟国家海洋经济发展潜力，并提出中国—东盟海洋合作的对策和建议。

根据研究主题采取适当的研究方法是实证分析的难点之一，综观海洋经济问题的研究方法，结合本书的研究内容，本书主要采用以下研究方法：

---

① 王勤. 东盟区域海洋经济发展与合作的新格局 [J]. 亚太经济, 2016 (2)：18-23.

② 杨程玲. 东盟海上互联互通及其与中国的合作——以 21 世纪海上丝绸之路为背景 [J]. 太平洋学报, 2016, 24 (4)：73-80.

③ 蔡鹏鸿. 中国—东盟海洋合作：进程、动因和前景 [J]. 国际问题研究, 2015 (4)：14-25.

④ 杜兴鹏. 中国—东盟海上互联互通建设研究 [D]. 广西大学硕士学位论文, 2015.

⑤ 余珍艳. 中国—东盟海洋经济合作的现状、机遇和挑战 [D]. 华中师范大学硕士学位论文, 2016.

（一）文献分析法

目前针对海洋经济、宏观经济增长与海洋资源环境关系及协调发展的研究逐渐增多，但是全面系统分析三者之间关系的研究则不多，特别是对东盟国家的研究则更少。所以，本书借鉴相关研究成果与方法，对相关文献进行梳理，将海洋经济理论、可持续发展理论以及产业经济学理论等最新进展进行梳理与归纳，构建不同的理论模型，为实证研究提供坚实的理论支撑。

（二）协整检验法

单位根、协整和因果关系检验法是探索变量之间关系时较常被采用的研究方法，本书采用以上方法分析东盟国家海洋经济与宏观经济增长之间的关系。

（三）因子分析法

因子分析法作为多元统计分析方法的一种，通过提取几个可以高度概括大量数据的信息的因子，在减少数据数量的同时，也能做到不丢失或少丢失信息。这些所提取的因子反映出的是问题的某一方面，而运用这几个因子的方差贡献率作为权重来构造综合评价函数，能够简化众多原始变量及有效处理指标间的重复信息，所以评价结果具有很强的客观性和合理性。本书采用因子分析方法剖析东盟国家海洋经济的发展潜力。

（四）综合指数评价法

综合指数评价法包括海洋经济指数和海洋资源环境指数，本书采用标准化指数法分析东盟国家海洋经济与海洋资源环境的协调发展情况。

二、主要内容

本书的研究思路与结构安排如图1-1所示。

第一部分为基本理论与框架构建，包括第一章与第二章。第一章介绍研究背景，回顾前人的相关研究，归纳本书研究思路和构建研究框架。第二章阐述本书所依据的主要理论，主要有产业经济理论、海洋经济理论和可持续发展理论等，为实证研究提供理论支撑。

第二部分为概况介绍，包括第三章至第五章。第三章概述东盟国家海洋经济的现状，其中以东盟六国为例，剖析资源环境制约下相关国家海洋产业经济的发展。第四章分析主要海洋产业，介绍海洋产业发展历程和前景。第五章归纳东盟国家海洋战略与政策发展情况，介绍东盟海洋经济可持续发展的制度性保障。

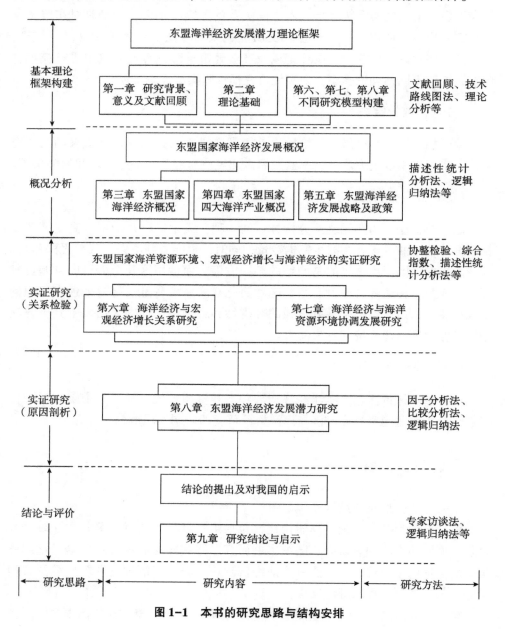

图 1-1 本书的研究思路与结构安排

第三部分为实证研究，包括第六章至第八章。第六章探讨东盟六国海洋经济与宏观经济增长之间的相互关系；第七章分析东盟六国海洋经济与资源环境之间协调度；第八章探讨东盟九国海洋经济发展潜力。

第四部分为结论与启示，包括第九章。第九章根据东盟海洋经济发展的现状及前景，进行关系检验和潜力剖析，得出本书的研究结论，并根据研究结论提出相关的政策建议。

第四节　本书的创新点与不足

一、创新点

（一）研究对象

海洋经济和海洋产业是当前国内外研究的热点问题，许多研究都从不同视角对该课题进行了创新性探索。该领域国内外相关研究多集中在发达国家。2009 年，自《热带海洋》中的《时代变化中的海洋经济》专题重点分析东亚国家海洋经济状况后，针对亚洲沿海国家海洋经济及海洋产业的研究不断涌现。[①]然而，以东盟国家整体或国别为对象，针对海洋经济及海洋产业进行的相关研究较少。本书以东盟国家为研究对象，分别从区域角度和国别角度对海洋经济发展潜力进行较全面和系统的分析。

（二）研究方法

本书遵循"理论分析—概况介绍—关系检验—原因剖析—结论与启示"的研究思路，剖析东盟国家海洋经济、宏观经济增长与海洋资源相关问题。采用协整检验法对东盟国家海洋产业经济与宏观经济增长进行因果关系检验，使用综合指数评价法分析东盟国家海洋产业与海洋资源环境的协调性，运用因子分析法探索东盟国家海洋经济发展潜力。虽然本书使用的研究方法都不是开创性

---

① The Marine Economy in Times of Change [J]. PEMSEA, Tropical Coasts, 2009 (7).

的，但同时使用多种方法对相关问题进行分析，综合应用这些研究方法对东盟国家海洋经济与海洋产业进行针对性研究可能是本书的创新之处。

（三）研究视角

在东盟国家海洋经济与海洋产业的相关研究中，全面梳理区域和国别的主要海洋产业发展情况的研究较少；以东盟国家为样本，探索海洋经济与经济增长、海洋资源环境之间关系的实证研究较少；采用实证方法分析东盟国家海洋经济发展潜力更为少见。因此，本书基于东盟海洋经济发展的现状与前景，从关系检验和潜力剖析的视角进行系统的分析。

二、不足之处

由于笔者自身能力的限制和资料采集等条件约束，本书仍然存在不少缺陷，这也是后续研究需要重点注意的问题。

（一）数据获取

由于东盟国家发展水平、社会制度和经济因素等不尽相同，各国统计数据的收集和整理水平相差较大。尤其是海洋经济发展的研究较晚，受到调研资源和相关统计的限制，本书无法获取 1995 年以前的相关数据；东盟六国的海洋经济总产值数据、产业结构数据、海洋产业所排放的污水和造成的海洋污染数据（除二氧化碳外）、海洋企业统计数据等都无法获取，致使无法深入探索海洋经济、环境与经济增长问题。缅甸、文莱和柬埔寨虽是海洋国家，但其海洋经济相关数据不全，因而无法将其纳入实证研究的样本中。

（二）研究方法

虽然本书比较系统地采用不同方法对不同问题进行了分析，但由于数据获取问题无法使用国民账户法和收入产出法来评价海洋经济的贡献，也无法分析海洋经济、海洋资源环境与宏观经济增长之间的协调发展问题。此外，除了理论分析和实证研究外，由于篇幅限制，无法结合数理模型进行理论模型推导分析与研究。

（三）区域内外的比较分析

由于资料获取问题和文章篇幅的限制，本书只能借鉴现有国家海洋经济的研究成果对东盟国家海洋经济问题进行分析，而无法对其他亚洲国家或发展中国家进行相关问题的比较分析。

第二章 当代海洋经济学理论

随着海洋经济的迅速发展，海洋经济学理论得到了不断发展与丰富。作为一种资源，海洋在经济增长中扮演着越来越重要的角色，要实现海洋经济的可持续发展，必须协调好经济、海洋与环境的关系。本章首先对海洋经济和海洋产业的概念进行剖析，分析海洋产业结构的相关理论，并对海洋经济与宏观经济增长、海洋资源环境的相互关系进行理论探讨。

第一节　海洋经济内涵与海洋产业分类

一、海洋经济的界定

关于海洋经济的定义，各国有不同的界定。牛津在线词典将海洋经济定义为"与海上航运或其他海上活动相关，在海上或附近生活或开发"。[①]在美国，海洋经济的概念包括直接与海洋有关联的行业活动，与海洋部分相关又位于海岸的活动；英国的海洋经济定义为在海岸工作或在海上工作的活动，这些活动还涉及直接为海上或在海上的活动提供商品或服务；澳大利亚将海洋经济定义为海洋活动，重点关注海洋资源是否是主要投入；新西兰把海洋经济定义为"发生在海洋或利用海洋而开展的经济活动，或者为这些经济活动提供产品和服务的经济活动，并对国民经济具有直接贡献的经济活动的总和"。[②]

[①] Romulo A. V. , Raymundo J. T, Edward E. P. , et al. Measuring the Contribution of the Maritime Sector to the Philippine Economy [J]. Tropical Coast, 2009, 16 (1)：60-70.

[②] Park K. S. , Kildow J. T. Rebuilding the Classification System of the Ocean Economy [J]. Ocean Economy Definition Classification Standard Scope Sector, 2014 (1).

在亚洲，日本将海洋经济定义为专门负责海洋开发、利用和保护海洋资源的行业；韩国认为海洋经济是在海洋中发生的经济活动，将商品和服务用于海洋活动，以及使用海洋资源作为投入的活动；① 菲律宾认为海洋经济包括与海洋相关的商品与服务的生产、分配和消费等经济活动；② 越南则认为海洋经济是在沿海、海岛、大陆架和远洋的范围内，包括农业、工业、交通、建筑、通信、服务、旅游和贸易等涉海部门的经济。③

我国对海洋经济一直没有统一的定义。《海洋大辞典》（1998）认为，海洋经济是人类在开发利用海洋资源，空间过程中的生产、经营和管理等经济活动的总称。④国家海洋局提出"海洋经济是指开发、利用和保护海洋的各类产业活动，以及与之相关联活动的总和"。同时，把海洋产业定义为"开发、利用和保护海洋所进行的生产和服务活动"。⑤ 许启望和张玉祥（1998）认为，海洋经济一般分为广义海洋经济和狭义海洋经济。广义海洋经济包括一切涉海活动中创造出来的价值量的总和，涵盖直接海洋产业与间接海洋产业；狭义海洋经济是直接的海洋产业，所以也叫海洋产业经济。

各国对海洋经济的认识及定义不同，但均认为海洋经济是行业和地理的汇集概念，在确定海洋经济的同时需要结合行业和地理的概念。何广顺（2011）认为，海洋经济是指在海洋及其附近发生、从海洋获得产品与服务并向海洋提供产品和服务的经济活动。换句话说，海洋经济可以定义为直接或间接在海洋中发生的经济活动，利用海洋的产品与服务，并把产品和服务投入到海洋的经济活动中。⑥而海洋产业则是具有同类属性的经济活动的集合，是海洋经济的基础和存在条件。

---

①⑥ Park, K. S., Kildow J. T. Rebuilding the Classification System of the Ocean Economy [J]. Ocean Economy Definition Classification Standard Scope Sector, 2014 (1).

② Romulo A. V., Raymundo J. T., Edward E. P., et al. Measuring the Contribution of the Maritime Sector to the Philippine Economy [J]. Tropical Coast, 2009, 16 (1)：60-70.

③ Jarayahand S., Chotiyaputta C. and Jarayahand P., et al. Contribution of the Marine Sector to Thailand's National Economy [J]. Tropical Coast, 2009, 16 (1)：22-26.

④ 国家海洋局科技司, 辽宁省海洋局. 海洋大辞典 [M]. 辽宁：辽宁人民出版社, 1998.

⑤ 国家海洋局. 海洋及相关产业分类 [M]. 北京：中国标准出版社, 2006.

二、海洋产业的分类

关于海洋产业分类，任淑华（2011）[①]、朱坚真（2009）[②]、何广顺（2011）[③]提出了五种分类法。

（1）马克思两大部类法。以产品的最终用途作为海洋产业的分类标准，将其分为基础海洋产业、海洋加工制造业和海洋服务业。其中，海洋基础产业包括水产业、油气业、能源工业和海运业；海洋加工制造业包括食品加工业、海水淡化和海盐淡化及化工业；海洋服务业包括滨海旅游业、信息咨询及服务业。这种分类法可清楚地了解产业发展的协调程度。

（2）三次产业分类法。依据国民经济行业分类、海洋经济统计分类与代码将其分为第一、第二以及第三产业。其中，第一产业包括海洋渔业、海涂种植业；第二产业包括海水盐化业、海水化工业、海洋油气、海洋采矿业、矿砂业、造船业、工程建筑业、海洋电力业、海洋生物医药和海水利用业；第三产业包括海运业、滨海旅游业、海洋科研及服务业、海洋环境保护及管理等。此分类法既可以反映海洋产业演变规律，也可以检验各区域海洋产业结构对市场需求的程度。

（3）海洋产业发展状况分类法。将海洋产业按产生的时间顺序，以技术、资源和时间为标准，划分为传统产业、新兴产业以及未来产业。其中，传统产业包括捕捞和养殖业、海洋航运、海水制盐，这些产业能满足人们最基本的需求；新兴产业包括海洋油气业、滨海旅游业、滨海矿砂业、海水增养殖业、海洋修造船业、海洋水产品加工业、海洋生物制药、海洋服务业等产业；未来产业包括深海采矿业、海洋再生能源工业、海水化学资源开发业，海上工厂、城市、作业基地以及海底仓库等均属于未来产业。此分类法可反映海洋产业与技术进步相关联的时间序列。

（4）产业地位分类法。根据海洋产业在国民经济中的地位和作用的不同，将海洋产业划分为基础产业、瓶颈产业、主导产业和支柱性产业。这一方法有利于研究产业与经济发展的关系。

（5）按标准产业分类法。以《国民经济行业分类》为基准，依据海洋经济

---

① 任淑华. 海洋产业经济学 [M]. 北京：北京大学出版社，2011.
② 朱坚真. 海洋产业经济学导论 [M]. 北京：经济科学出版社，2009.
③ 何广顺. 海洋经济统计方法与实践 [M]. 北京：海洋出版社，2011.

活动的同质性原则进行分类，形成海洋经济统计分类与代码。包括类别、大类、中类和小类，其中类别包括海洋产业、海洋相关产业；大类包括海洋水产业、海洋农林业等；中类包括海洋渔业、海涂农业等；小类包括海水捕捞和养殖业、海涂农作物种植等。综观所有的分类法，标准产业分类法具有全面、精确、统一的特点，因此被大多数海洋国家所采纳。①

三、世界主要海洋产业

目前，世界四大海洋支柱产业包括海洋油气业、海洋渔业、海运业和滨海旅游业。② ①海洋油气业。世界海洋石油资源量占全球石油资源总量的34%，全球海洋石油储藏量为1000多亿吨，其中已探明的储量为380亿吨。目前，全球已有100个多国家正在进行海上石油勘探，其中在深海勘探的有50多个国家。预计到21世纪中叶，海洋油气产量将超过陆地油气产量。③ ②海洋渔业。2014年，全球渔业产量达到16.7亿吨，海产品依然是世界贸易中的大宗商品之一，全球海产品出口贸易总额中一半以上源自发展中国家。全球渔业仍然具有巨大的发展潜力，渔业将为2050年预计达97亿的全球人口的粮食安全和充足营养做出重要贡献。④ ③海运业。近十几年来，世界海运贸易总量年均增长率为1.6%，海上运输总量占国际货运总量比例为90%。目前，全世界拥有海港9800多个，其中吞吐量为100万吨以上的海港有500多个。④滨海旅游业。据世界旅游组织统计，21世纪初滨海旅游业收入占全球旅游业收入的1/2，比10年前增加了3倍。全世界40大旅游目的地中有37个是沿海国家或地区，这些沿海国家或地区的旅游总收入占全球旅游总收入的80%。⑤

① 陈林生．海洋经济导论 [M]．上海：上海财经大学出版社，2013．
② 韩立民．海洋产业结构与布局的理论和实证研究 [M]．北京：中国海洋大学出版社，2007．
③ 苏斌，冯连勇，王思聪．世界海洋石油工业现状和发展趋势 [J]．中国石油企业，2006（Z1）：138-141．
④ 熊敏思，缪圣赐，李励年．全球渔业产量与海洋捕捞业概况 [J]．渔业信息与战略，2016，31（3）：218-226．
⑤ 董玉明．中国海洋旅游业的发展与地位研究 [J]．海洋科学进展，2002，20（4）：109-115．

第二节　海洋产业发展理论

一、海洋产业演进的规律

钱纳里提出"生产结构转变影响经济增长"。产业结构随经济增长和发展而变动，同时也影响一个国家或地区的经济增长。从世界经济发展史来看，一个国家的产业结构会随着经济发展水平和人均国民收入的增长发生相应的变化，且具有明显的规律性，即由低水平均衡逐渐向高水平均衡转变。就三次产业结构来看，当一个国家的经济水平较低时，农业将会成为该国的基本部门，因此，第一产业投入的生产力最多，而其产值占国民生产总值的比例也最高。随着经济发展水平的提高和工业化步伐的加快，第二产业的生产力投入逐渐加大，甚至超过第一产业，此时，第一产业产值的比重开始下降，第二产业产值的比重逐渐上升，使之成为最大的产业部门。在经济发展水平处于较高阶段时，由于生产技术的发展大幅提高了农业的劳动生产率，释放出来的劳动力绝大部分转向第三产业，同时，第二产业也会向第三产业转移，第三产业的贡献率将日益加大。

一般来说，海洋经济在起步阶段时，由于资金和技术条件不成熟，海洋产业以海洋运输、海洋水产、海盐等传统产业作为重点。随着资金的积累、技术的进步，滨海旅游业、海产品加工业、包装业、储运业等后续产业加快发展，在这一阶段，滨海旅游业、海洋交通运输业等海洋第三产业在产值上逐渐超过海洋基础部门的产业，从而在国民经济中占据主导地位。海洋经济也随着进入高速发展阶段，产业发展的重点将逐渐转移到海洋生物工程业、海洋油气业、海上矿业和海洋船舶业等第二产业。第四阶段是海洋产业"服务化"阶段。在这一阶段，一些传统海洋产业采用新技术成果成功实现了技术升级，规模进一步扩大，发展模式突破粗放型发展，更加集约化；同时，海运业、滨海旅游业、海洋信息及服务等海洋第三产业将成为海洋经济的支柱性产业。[①]

从海洋三次产业内部子系统来看，海洋第一产业的产业结构演进趋势是由

---

① 韩立民. 海洋产业结构与布局的理论和实证研究 ［M］. 北京：中国海洋大学出版社，2007.

传统的海洋渔业向远洋捕捞、海洋养殖业转移，渔业由分散化经营向产业化方向发展。海洋第二产业是从海洋加工制造业向海洋能源开采工业、海洋化工业和海洋生物医药的转变。随着海底资源开发能力的加强，海洋第三产业规模日益扩大，其产值所占比重越来越大，第三产业劳动力吸收能力增强；同时，由于社会分工的进一步细化，会产生越来越多的服务部门，并以一种更加现代化的产业出现。①

二、海洋产业的影响因素

（一）自然因素

自然因素具体包括自然环境因素和自然资源因素两个方面。自然环境因素包括地质、地貌、气候、水文及生物等，它们相互联系、相互制约，共同形成影响海洋产业发展的自然综合体。由于海洋产业对地理条件有限制，因此，当缺乏这些地理条件时，该海洋产业的经济效益就会降低，甚至不能发展。自然资源包括土地、水体、动植物、矿产和无形的光、热等资源。多数海洋产业依赖自然资源的开发和利用而存在，如海洋渔业、海洋油气业等都是典型的资源开发型产业。因此，海洋资源的种类、储量、质量等级、储藏环境以及空间分布等对海洋产业的发展具有重要影响，甚至起到决定性作用。海洋产业发展所受的自然环境和自然资源的约束会随着技术的进步而不断减弱，但自然因素始终是一个重要因素。

（二）社会因素

社会因素主要包括社会经济基础、人口、法律法规和经济政策等。第一，社会经济基础。社会经济是指历史上遗留下来有关产业的文化、管理及技术等经验。产业具有历史继承性，产业发展会受到已经形成的社会经济基础的影响。一般而言，社会经济基础较好的地区，基础设施较为完善，管理水平较高，海洋产业可以发展壮大，从而推动陆地经济的发展。第二，人口因素。人口的数量和质量直接影响海洋产业的发展。例如，海洋渔业在技术水平不高的时候，需要较多的劳动力；随着劳动生产率的提高以及渔船技术的进步，海洋渔业所

---

① 陈林生. 海洋经济导论 [M]. 上海：上海财经大学出版社，2013.

吸纳的人口将逐渐减少。一般而言,高附加值的海洋产业倾向于分布在劳动生产力高的地区。也可以说,区域海洋产业发展的规模、分布和类型直接由区域海洋从业劳动力的数量、分布和素质所决定。第三,法律法规和经济政策。政策与法律法规具有导向性,它们代表了政府对海洋产业发展的态度。同时法律法规的执行具有强制性,而优惠的或是严格的税收、金融、土地等政策会通过企业的投资效益来影响企业的区位选择,进而影响海洋产业的宏观布局。因此,法律法规和经济政策在很大程度上影响海洋产业的发展。

(三) 经济因素

一般来说,经济因素包括基础设施条件和产业属性。基础设施主要是交通运输设施,多数海洋产业分布在沿海或是海上,而这些产业与陆地之间的联系则需要通过交通运输工具来实现,而港口则对交通线路、交通工具状况、运输能力、运费的高低、送达速度以及中转环节等条件的依赖性很强。海洋产业与陆地联系的纽带是港口,良好的建港条件、港口的发展状况以及完善的陆地集疏运系统在很大程度上决定着地区海洋产业发展的类型、规模和潜力。例如,新加坡作为一个海岛国家,依靠其强大的海洋交通运输业及其相关的辅助性行业,成为亚洲甚至是全球的航运中心。产业属性是指产业产品的可运输性、集聚性以及是否存在规模经济效应等。

(四) 科学与创新因素

影响海洋经济发展和海洋产业的另外一个重要因素就是科学技术。它不仅包括生产工具、劳动手段、工艺流程、生产方法,还包括劳动者的生产技能和管理水平等。一方面,科学技术的进步提高了海洋资源开发和利用的深度与广度,使曾经无用的海洋资源变为有用的资源,或者说使海洋资源获得新的经济价值甚至成为无价之宝,此外也催生了一批新的海洋产业;另一方面,科技的进步大大拓展了海洋产业空间的布局,同时也改变了海洋产业布局的形态。随着渔船建设和捕捞技术的发展,海洋捕捞业和养殖业从近海走向远洋;深海开采技术的研发成功使深海采矿成为可能,海上风能、潮汐能将逐渐代替传统的能源。随着科学技术的提高,人类的生存空间将向海洋拓展。可以说,科技与创新是海洋产业发展的决定性因素。[①]

---

① 陈林生. 海洋经济导论 [M]. 上海:上海财经大学出版社,2013.

第三节　海洋经济与经济增长理论

一、经济增长要素

纵观西方经济增长理论的发展史，从古典经济学到现今内生增长理论的提出，经济增长理论的发展过程正是生产要素投入开发的过程，每个阶段的发展都是新的生产要素被发现、重视和合理纳入研究模型的过程。自可持续发展理念提出以来，海洋作为一种资源，在经济增长中扮演着越来越重要的角色，探讨海洋对经济增长的影响以及经济增长对海洋资源的需求显得更加重要。

亚当·斯密（Adam Smith）认为，劳动是财富的源泉，分工是提高生产率和积累财富的重要方式，但是这些都需要一定的资本积累。新古典经济学主要以"边际分析"为核心，经济学家不再只重视资本，也开始关注劳动在经济发展中的作用，并提出了总量生产函数，该函数反映了资本、劳动投入与预期产量之间的一种关系。20 世纪 60 年代，技术进步作为新的投入要素被提了出来，成为经济学家研究的焦点。索洛—斯旺（Solow-Swan）模型提出，无论是资本投入还是劳动力投入都无法保证经济的持续增长，只有技术进步率提高才是持续增长的关键。然而，技术进步需要人才去研发，这是普通劳动者所无法做到的。进入 20 世纪 70 年代后，人力资本从劳动力中分离出来，成为生产函数中的新成员。20 世纪 80 年代，制度经济学派认为，不涉及制度就不可能最终解释经济增长率上的持续差异。与此同时，资源的争夺与环境问题的出现使可持续发展的观念日益成为全球的共识。所以，经济学家开始将可持续发展纳入新经济增长之中。

二、海洋经济对经济增长的作用

（一）海洋经济是国民经济的重要组成部分

海洋拥有丰富的物种、油气资源、矿产资源、生物资源以及水资源等，海洋经济也涵盖各个产业的重要领域，海洋的开发利用已经成为人类的重要活动之一。随着人口的增长、气候变化以及人们对粮食和能源需求的担忧，越来越多的人向沿海迁移，国家也逐渐将经济发展重心转向沿海，而海洋资源的开发与利用成为国家的重要发展战略。海洋经济发展可以增加地方经济的总产值、提升当地居民的收入水平、带动地方就业以及影响陆域经济相关产业的发展等，这些都可以对区域经济增长产生直接的促进作用。①

（二）主导产业的带动效应

一个经济体在发展过程中，很难实现所有领域的全面发展，在实践中，往往是某些优势领域或者优势产业率先取得突破，进而带动其他领域的共同发展。根据该理论观点，国家应该将投入要素更多地分配到某些具有明显优势的区域或者产业，促使该区域或者产业率先发展。沿海国家在发展过程中，由于其独特的区位优势和丰富的海洋资源，对其合理开发利用，往往很容易成为区域经济发展的优势或是主导产业，而这些主导产业可以通过后向关联来刺激其他部门的生产，在后向关联中，本地生产的物品可以用作资源采掘业的投入，而前向关联则可以利用自然资源以生产其他物品。当出现后向关联和前向关联时，海洋资源的开发和利用能够驱动整体经济的发展，从而形成主导产业的带动效应。②

（三）海陆一体化效应

随着海洋资源开发力度的不断加大，海洋经济与陆域经济之间的联系也越来越紧密。海陆产业互动性和资源互补性进一步加强。这是因为随着海洋资源开发力度的加深，资本、技术和人才等方面都需要陆域经济的有效支撑，海洋产业发展过程中的许多制约因素需要依靠与陆域经济的有效联动才能逐渐消除。另外，陆域经济的进一步拓展和发展战略的进一步提升都需要借助海洋资源的开发和对广阔蓝色国土的利用。海陆产业之间可以通过有效的互动，使资本、技术、人才等生产要素实现有效的整合，而且海洋交通运输干线可以扩大陆域经济的辐射作用，从而对内陆经济的发展产生积极的影响，有利于缩小区域内

---

① 方春洪，梁湘波，齐连明. 海洋经济对国民经济的影响机制研究［J］. 中国渔业经济，2011，29（3）：56-62.

② 朱坚真. 海洋产业经济学导论［M］. 北京：经济科学出版社，2009.

部经济发展的差距。①

三、经济增长对海洋产业的促进作用

国民经济的增长能够带动海洋经济的增长，一国或地区的经济增长不仅对海洋经济的量创造新的需求，而且对质（结构及可持续性）也提出了新要求。总的来说，这些需求可以分为以下三种：

第一，经济增长促进海洋经济总量的发展。随着沿海国家人们的生活水平不断提高，海洋新产品和服务不断被开发和利用，因此，国民经济的增量与海洋经济的增量是按相同方向变化的。国民经济的发展可以为海洋经济的发展提供更加充足的资本、高质量的人才与科学管理技术，为海洋经济的发展打下坚实的基础；居民收入水平的提高会加大对海洋相关产品的需求，如渔业和滨海旅游。国民经济的发展会不断进行空间扩展和战略提升，海洋战略开发刻不容缓，对海洋资源的充分利用和海上对外交通路线的开辟已成为沿海地区经济发展不可或缺的重要渠道。

第二，经济增长推动海洋产业结构优化。长时期开发与使用一种或是几种常规的海洋资源在造成规模效应递减的同时，也会引起海洋资源环境问题。同时，经济增长提高了人类的生活质量，而传统的海洋产业已不再满足人类多方面的需求，所以经济增长在对海洋经济总量需求增长的同时，也日益扩展其对海洋产品品种或海洋产业结构多样化的需求。例如，随着国民经济的发展、人们生活水平的提高以及生活方式的转变，休闲渔业不断地发展并壮大起来，成为渔业链上一个重要的产业分支。总之，经济增长与其对海洋产品或是海洋产业结构多样化的需求是按相同方向变化的。

第三，经济增长提出了海洋经济可持续性的要求。虽然产品多样化及产业结构多元化也在一定程度上包括可持续性需求，但是可持续性需求更强调海洋资源利用效率和环境保护问题。因为获取可持续性的海洋产品是提高海洋利用效率及其经济效益的重要前提，同时海洋可持续发展在当今环境保护的压力下显得更加重要。与前两点一致，经济增长与其对海洋可持续性需求也是按相同方向变化的。

---

① 曹林红. 浙江省海洋产业发展与经济增长关系研究［D］. 浙江理工大学硕士学位论文，2016.

第四节 海洋经济与海洋资源环境理论

一、海洋资源环境价值理论

环境资源是指参与社会经济活动并能对人类生活和生产发展产生直接或间接影响的空间及各种自然因素和社会因素的总称，是影响人类生存和发展的各种天然的和经过人工改造的自然因素的总称。环境资源具有自然资源属性和环境资源属性两重性。自然资源属性是指环境单个要素（海水、海洋动植物、海洋矿物）及其组合方式（环境状态）；环境资源属性是指与环境污染相对应的环境纳污能力，即环境自净能力。①

海洋环境资源价值问题，是在资源、生态、环境问题日益严重的背景下提出来的。美国生态经济学家莱斯特·R.布朗在《生态经济有利于地球的经济构想》一书中讲道："在我们的人口数量远小于地球面积的时候，稀缺的是人造资本，而自然资本则非常丰富。但是随着人类事业的继续扩张，由地球生态系统所提供的产品和服务越来越稀缺，自然资本正在迅速成为制约因素，而人造资本则越来越雄厚。"自然资本的日益稀缺，使得海洋价值问题更为突出，对海洋价值研究的意义更为重大。海洋的价值在于海洋以其特有的功能影响着人们的经济、政治和文化生活，为经济、社会的发展创造了广阔的空间和发展平台。就海洋价值的资源性而言，海洋价值如果不能得到最大限度的利用，那将是一种资源的浪费，是人类的一种不经济的行为。

环境蕴含着资源，因此具有价值。近年来，环境价值评估理论备受关注，主要研究方法有意愿调查法、享乐价格法、旅行成本法和生产函数法。许多国家建立了国民经济核算体系的绿色账户（环境评估），目的就是通过估算海洋生态环境的价值来保护海洋环境和资源。海洋服务价值评估研究指出，海洋经济发展与海洋环境保护存在相互制约的连带关系。环境保护和资源开发应协调发展，制定海洋环境管理政策，不能忽视海洋经济及陆域经济的发展规模和水

---

① 陈林生，李欣，高健. 海洋经济导论［M］. 上海：上海财经大学出版社，2013.

平。海洋资源是海洋经济发展的物质基础，海洋资源利用的状况和配置效率直接影响着海洋经济的发展。

二、海洋经济与海洋资源环境的相互作用

（一）海洋资源环境与海洋经济是相互影响与协调的统一体

一般而言，海洋资源环境受到人类各种海洋经济活动的影响，并加速系统的变化；海洋资源环境因其环境资源的价值而支撑海洋经济的发展。在海洋资源环境开发与利用的过程中，也会产生各种直接和间接污染，虽然海洋具有巨大的自净能力，能够在一定程度上容纳和净化一些废弃物，但超过了其承受限度，就会导致环境污染、生态系统破坏甚至是资源耗尽。社会经济的健康发展受到这些负面效应的阻碍。海洋经济的发展对资源利用与环境保护尽管能提供一定物质保证，但同时也要保持生态的良性循环，不能超过海洋资源环境的承载力。由此可见，海洋资源环境与海洋经济两者相互依赖、相互影响，处于统一发展的整体之中。

（二）海洋资源环境与海洋经济间正向作用过程是互相促进的良性循环

海洋经济协调海洋资源环境的开发与利用，它不仅协调生产过程，而且协调消费过程。人类各种海洋经济活动对海洋产生影响，加速海洋资源环境系统的演变。一个良好的、协调的海洋经济系统，才能实现海洋资源的优化配置和高效利。如果这种关系处于适度稳定状态，其带来的结果会使得内部和外部环境进行物质、能量和信息交换，那么海洋经济系统和海洋资源环境系统就会相互协调，实现良性循环。①

（三）海洋资源环境与海洋经济间逆向作用过程是相互约束

海洋资源的利用与开发如果违背各自运行的规律，就会造成资源、环境与经济三者相互对立，恶性循环。② 长期以来，海洋经济高速增长是外延式的扩

---

① 周罡. 论环境资源制约下我国海洋产业结构的优化策略［D］. 中国海洋大学硕士学位论文，2006.

② 杨勇. 简论资源、环境与经济间可持续发展关系［J］. 云南地质，2003（2）：121-128.

张，是以过度开发利用海洋资源为代价取得的。由于不合理的开发，导致海洋资源短缺的矛盾日益突出，严重制约了海洋经济乃至国民经济的可持续发展。同时，海洋生态破坏导致环境自净能力的削弱、环境容量降低、资源耗尽以及生态系统破坏等问题。这些问题不但制约海洋经济增长的速度与规模，而且导致重大自然灾害，危及人类的整体生存能力。如果海洋经济的快速增长不采取系统的环境治理方案，合理利用资源，则海洋环境污染和海洋资源枯竭的速度和程度则大大超过海洋经济发展的速度和规模，进而造成巨大的经济损失。

三、海洋经济与可持续发展

1987 年，联合国世界环境与发展委员会撰写的《我们共同的未来》第一次阐述了"可持续发展"的概念，作为一种新的发展理念和战略，受到不同国家的推崇。① 可持续发展的概念最初被运用于生态学，其后被广泛用于经济学，成为一个涉及经济、社会、文化、科技和自然环境的综合的动态的概念。总的来说，对于可持续发展可以从环境与资源属性、经济发展、社会福利属性以及科技与创新属性的角度来分别定义。环境与资源属性是指保护和加强环境系统的生产和更新。环境与资源的可持续性是指人类经济社会的发展不能超过地球承载能力，要保持平衡状态，持续维持人类生存的生态环境与能源。从社会福利属性角度，1991 年国际自然保护同盟（International Union for Conservation of Nature）、国际环境规划署（UNEP）和世界野生生物基金会（World Wildlife Fund）对可持续发展一致定义为："在生存不超出持续生态系统承载能力的情况下，改善人类的生活品质。"从经济属性的角度，可持续发展可定义为："在保持自然资源的质量及其所提供服务的前提下，使经济发展的净利润增加到最大限度"。科技角度下的可持续发展是指："可持续发展就是转向更清洁、更有效的技术，尽可能接近'零排放'或'密闭式工艺法'，尽可能减少能源和其他自然资源的消耗。"②

发展是可持续发展的核心和基础，因为发展是人类社会满足自身需求、得以继续生存的基础，经济增长是推动人类自身发展的主要动力。传统的发展观一味强调经济快速增长，而过度消耗能源、过度排污和破坏环境。所以，要协

---

① Forman R. T. Ecologically Sustainable Landscape：The Role of Spatial Configuration ［C］. New York：Springer-Verlag, 1990（7）：30-35.

② 陈林生，李欣. 海洋经济导论［M］. 上海：上海财经大学出版社，2013.

调统一好海洋经济、海洋资源环境与经济增长三者之间的关系，在经济快速增长的同时必须重视海洋的适度开采，并发展清洁的可替代资源，同时要维护和保护好环境。经济的不断发展为社会福利提供物质保障，协调使生活质量提高成为可能，三者的可持续发展更重要的是体现公平原则。这种公平不仅是当代人在能源利用和分配上的公平，同时也要体现当代人与后代人之间的代际间公平；不仅是一国内部人们的公平，还包括国际间贸易等的公平。因此，曹新（2004）认为，可持续发展应该包括发展、协调和公平三个层面。①

可持续发展理论强调，环境、资源与经济增长的协调发展，追求的是人与自然的和谐。可持续发展的核心是经济的发展，没有发展就没有实行可持续发展的物质保障。但是，许多发展中国家过分强调经济的增长为第一要务导致发展不平衡、不充分、不协调的问题。综上所述，对海洋资源的开发与利用，必须在保持自然资源质量的前提下，使经济发展的净利润增加到最大限度。需要协调好全球利益与地区利益，长期利益与短期利益，以及经济发展、环境污染和资源缺乏之间的关系。

本章小结

本章阐述关于经济、海洋和环境之间关系的理论，包括海洋产业经济理论、海洋经济与经济增长理论、资源环境经济学理论以及可持续发展理论，这是本书实证研究的理论基础。

在这些理论中，经济增长理论说明海洋作为一种资源，在经济增长中扮演着越来越重要的角色，海洋经济与经济增长存在相关关系；资源环境理论认为，首先应该重视海洋经济与资源环境之间的关系，在此基础上才能实现海洋经济与资源环境的协调；可持续发展理论认为，可持续发展需要协调好经济、海洋与资源环境的关系，它是协调海洋、经济与环境关系的保障；海洋产业经济理论说明海洋产业的发展潜力，除了与国家宏观经济、海洋资源环境密切相关之外，还与海洋产业发展水平、海洋相关产业、海洋产业结构以及海洋产业政策密切相关。

---

① 曹新. 可持续发展的理论与对策［M］. 北京：中共中央党校出版社，2004（11）.

随着海洋经济的迅速发展，海洋经济学的理论不断丰富，这些理论总结出这样一条思路：针对海洋国家，经济增长需要发展海洋产业，海洋产业发展会带来资源破坏和环境的污染，需要用"可持续发展"理论来协调好三者之间的关系，而发展潜力可用来测量其可持续发展的程度。

第三章 东盟海洋经济发展分析

东盟区域海域辽阔，海岸线漫长，海洋资源丰富。纵观东盟国家海洋经济发展史，各国海洋经济的发展与海洋资源禀赋、海洋产业发展水平与结构、海洋环境保护密切相关。由于各国国情不同，东盟国家海洋经济发展呈现出不同的特征。

第一节　东盟海洋资源现状分析

一、东盟海洋空间资源禀赋

东盟国家整体上可分为陆地和海岛两大板块，大陆涵盖缅甸、泰国、柬埔寨、越南和老挝，群岛包括马来西亚、新加坡、印度尼西亚、文莱和菲律宾。东盟国家地处太平洋、印度洋、安达曼海和南海海域之间，拥有丰富的海洋渔业、矿产、石油和天然气资源。马六甲海峡是世界上最繁忙的海上通道，位于马来西亚半岛西海岸和印度尼西亚苏门答腊岛东部地区之间的区域。

该地区由五个重要的海洋生态系统组成，包括安达曼海、南海、苏禄苏拉威西海域、印度尼西亚海等国际水系、区域海洋、海岸带区域及其相关流域，都与海洋生物过程/现象如台风、黑潮和高度洄游物种密切相关。同时，区域内具有重大生态意义的河流系统，如湄公河拥有全球独一无二的湖水系统（湄公河洞窟河流—大湖系统）和湿地森林，支持了最具生产力和多样化的淡水生态系统。来自南、北太平洋的主要洋流来往于亚洲大陆东部，它们有助于该区域生物的生长，同时还带来了远洋生物幼虫，来自赤道的温水使该海域珊瑚快速繁殖并生长。①

从近海地理状况来看，东盟国家岛屿众多，海岸线漫长（见表3-1）。东盟国家海岸线长度约为世界海岸线总长度的18%，大陆架占世界总量的19%，200海里经济区占世界的10.86%。东盟区域内距离海岸100千米的人口数约占人口总数的71%，各国人口随着工业化进程迅速从农村向沿海城市转移。2015年，东盟国家城市化率为47%。

表3-1　东盟国家海洋空间资源

国家	陆地面积（平方千米）	水域面积（平方千米）	大陆架面积（平方千米）	领海面积（平方千米）	专属经济发展区（平方千米）	海岸线（千米）	沿海人口比例（%）	人口（百万）
文莱	5270	500	7074	3157	5614	161	100	0.44
柬埔寨	176520	4520	36646	19918	—	443	24	15.96
印度尼西亚	1826440	93000	1847707	3205695	2914978	54716	96	258.32
马来西亚	328550	1200	335914	152367	198173	4675	98	30.95
菲律宾	298170	1830	244493	679774	293808	36289	100	103.32
新加坡	682	10	714	744	—	268	100	5.78
泰国	511770	2230	185351	75876	176540	7066	39	68.20
越南	325360	4200	352420	158569	237800	11409	83	95.26

注：人口数据为2017年的数据；陆地面积、水域面积、大陆架面积、领海面积、专属经济发展区、海岸线、沿海人口比例数据为2005年的数据。缅甸数据缺乏，没有列入。

资料来源：World Factbook, 2017; PEMSEA. Framework for National Coastal and Marine Policy Development ［R］. 2005 (14)：75.

在东盟国家，印度尼西亚是世界上最大的群岛国家，拥有1.7万多个岛屿，较大的岛屿有爪哇、苏门答腊岛、婆罗洲、新几内亚岛及苏拉威西岛，素有"千岛之国"的美誉。印度尼西亚拥有全球第二长的海岸线，估计长达54716千米，其国土表面的70%完全由海洋覆盖。马来西亚全境被南海分成东马和西马两部分，其海洋特征非常明显。菲律宾是由约7100个岛屿组成的。泰国拥有大片海域，所属的内陆水域、领海、毗连区和经济专属区共约42万平方千米。越南的海域约100万平方千米，比陆地面积大三倍，海岸线总长度约11409千米，

---

① Sustainable Development Strategy for the Seas of East Asia (SDS-SEA) ［R］. PEMSEA, Quezon City, Philippines, 2005.

跨越 13 个纬度。[①] 文莱和新加坡则完全是海岛国家,居民 100% 都生活在海岛上,占据得天独厚的海洋经济发展优势。缅甸和柬埔寨的海岸线不超过 1000 千米,由于两国经济发展较为落后,对海洋资源的利用也不充分。

二、东盟海洋自然资源禀赋

海洋资源主要包括海洋生物资源、海底矿产资源、海洋化学资源和油气资源。东盟国家近海大陆架的石油和天然气资源相当丰富。据统计,1965～1975 年该地区近海石油生产年均增长率为 30%,仅 1973 年该地区近海石油产量占世界近海石油总产量的 14%,为 505 万吨。[②]从地理分布上看,该地区近海石油和天然气资源的分布极不平衡,从已经探明的近海石油和天然气储量来看,印度尼西亚、马来西亚和文莱储量相当可观,仅这三国近海石油储量几乎占世界近海石油储量的 23%。[③]其中,印度尼西亚的海上油气资源蕴藏丰富,其重要的产区位于西北爪哇外海、东加里曼丹及纳土纳海等海域。[④]越南的石油天然气主要集中在北海沿海、湄公河三角洲平原地带及昆岛南凹区域等大陆架。越南已先后发现白虎、青龙、大熊、龙四个海上油田及黎明油层。[⑤]菲律宾的天然气资源比较丰富,估计有约 8500 万桶的可回收储量。Camago-Malampaya 地区的天然气矿床估计能够在 20 多年的时间内支持 3000 兆瓦的燃气发电厂。[⑥]

东盟国家是世界上海洋资源最丰富的地区之一,也是最具生物多样性的地区。这一区域湿地生态系统,主要包括滩涂、红树林、海草床和珊瑚礁。东盟拥有世界上最广泛多样的珊瑚礁,约占世界总量的 34%,该地区约有 600 个珊瑚物种和 1300 多个珊瑚礁鱼种,其中珊瑚三角区(包括印度尼西亚、马来西亚、菲律宾以及巴布亚新几内亚、所罗门群岛和东帝汶的海洋水域)珊瑚物种数占所有已知总数的 76%。东盟国家珊瑚礁是高效的生态系统,为当地居民提供了各种有价值的资源与服务,其中包括沿海保护、鱼类栖息地、娱乐和旅游

① The Marine Economy in Times of Change [J]. PEMSEA, Tropical Coasts, 2009, 16 (1).

② Siddayao C. M. The Off-Shore Petroleum Resources of South-East Asia [M]. Oxford: Oxford University Press, 1978: 26-34.

③ 王正毅. 边缘地带发展论:世界体系与东南亚的发展 [M]. 上海:上海人民出版社, 1997.

④ 吴士存, 朱华友. 五国经济研究 [M]. 北京:世界知识出版社, 2006.

⑤ 赵和曼. 越南经济的发展 [M]. 北京:中国华侨出版社, 1995.

⑥ Romulo A. V., Raymundo J. T., Edward E. P., et al. Measuring the Contribution of the Maritime Sector to the Philippine Economy [J]. Tropical Coasts, 2009, 16 (1): 60.

的地方。该地区红树林数量占全球总量的 30%，联合国环境规划署的数据显示，东盟国家共有 1230 片红树林，其中东盟 67% 的红树林物种分布在印度尼西亚、马来西亚和菲律宾，印度尼西亚红树林占东盟总量的 72%。① 2015 年东盟海洋生物资源如表 3-2 所示。

表 3-2 2015 年东盟海洋生物资源

	鱼产量（千吨）	渔业捕捞增长率（年增长率,%，2000~2015 年）	水产养殖增长率（年增长率,%，2000~2015 年）	海洋保护面积（内陆水域面积占比,%）	珊瑚礁面积（平方千米）	红树林面积（平方千米）
文莱	4.4	2	15.5	1.5	210	173
柬埔寨	751	5.2	16.5	0.5	50	728
印度尼西亚	22215	3.1	20.2	5.8	51020	31894
马来西亚	2003	1	7.6	2.3	3600	7097
缅甸	2953	3.9	16.7	0.2	1870	5029
菲律宾	4503	0.8	5.2	2.5	25060	2565
新加坡	7.7	9.2	1.6	1.5	100	4.6
泰国	2590	3.7	1.3	5.2	2130	2484
越南	6208	3.6	13.5	1.8	1270	1056

资料来源：根据 World Bank *The Green Data Book*（2017）整理所得。

为保护沿海和海洋生态系统，东盟多数国家已经实施综合海岸带管理，其中建立海洋保护区就是一个重要的措施。在海洋保护方面，印度尼西亚和泰国有最大的海洋保护区，而菲律宾则是最早建立了海洋保护区。2002 年，东盟环境部长通过了"东盟海洋遗产地标准"和"国家海洋保护区标准"，对现有和新建保护区进行指定管理。东盟海洋遗产地标准包含六个主要标准和四个附加标准，而东盟国家海洋保护区标准大致分为社会、经济、生态、区域和务实五大指标体系。在东盟国家，全球性的海洋保护区包括科摩多自然公园（印度尼西亚）、Tubbataha 礁石自然海洋公园（菲律宾）、Ujung 自然公园（泰国）和 Halong Bay（越南）。区域的海洋保护区有 Lampi 海洋自然公园（缅甸）和 Tarutao 自然公园（泰国）。②

① Sustainable Development Strategy for the Seas of East Asia（SDS-SEA）［R］. PEMSEA, Quezon City, Philippines, Updated 2015.

② Brander L., F. Eppink. The Economics of Ecosystems and Biodiversity in Southeast Asia（ASEAN TEEB）［R］. Scoping Study. ASEAN Centre for Biodiversity, available at：https：//aseanbiodiversity.org/, 2015.

三、东盟海洋资源环境的经济价值

海洋经济是对海洋资源的开发与利用，海洋经济的发展依赖海洋环境资源，同时影响着海洋环境资源系统。为了更好地保护海洋环境资源，需要对其价值进行核算，政策制定者、规划者和管理者需要了解生态系统服务，包括从生态系统获得的经济价值以及人类活动对海洋的影响。[①]

根据生态评估的功能划分，生态系统服务提供包括供给、调节、文化和支持这四类。其中，供给服务是指从生态系统获得的产品（渔业和水产养殖、木材燃料等），它们具有直接使用的价值，已经包含在海洋经济活动的评估之中；调节服务（如气候调节、废物同化及风暴保护等）是指从调节生态系统过程中获得的好处，体现的是间接使用价值；文化服务是生态系统的非物质利益，只有旅游和娱乐活动包含这些经济活动；支持服务（如初级生产、大气氧气的生产、养分循环、水循环、栖息地的供应及苗圃渔业等）是生态系统的间接使用价值，对人类的影响在很长一段时间内才会发生。因此，这些通常不包括在日常海洋经济价值评估之中。

2015年，印度尼西亚海洋生态系统服务的经济价值总额为2.45亿美元，其中，海岸生态系统（红树林、海草和珊瑚礁）的经济价值占总经济价值的99.98%，0.02%的经济价值来源于海洋。这主要是因为在调节服务中，如碳汇和海岸线保护尚未估计，所以海洋生态系统的经济价值偏低。在海岸生态系统中，印度尼西亚红树林的经济价值为0.23亿美元，珊瑚礁与海草的经济价值分别为1.16亿美元和1.06亿美元。在所有的服务中，供给服务（渔业）的经济价值高达2.11亿美元，贡献率占86.06%。另外，文化服务（娱乐和旅游、保存价值）的贡献率达到9%左右（见表3-3）。泰国海洋生态系统的经济价值大约是20.56亿美元，总价值包括使用价值（渔业、旅游业）和非直接使用价值（红树林、海草和珊瑚礁）。其中，近37%的生态系统和濒危物种的价值来自间接使用价值和非使用价值，间接使用价值是生态系统对沿海渔业的支持，并提供沿海保护、碳汇和营养物质。菲律宾海洋生态系统的经济价值约为5.46亿美元，约45%来自供给服务（渔业和木材），超过一半的净收益来自规范、支持

---

① Ebarvia M. C. M. Economic Assessment of Oceans for Sustainable Blue Economy Development [J]. Journal of Ocean and Coastal Economics, 2016, 2 (2).

和文化服务,而这些通常不纳入 GDP 的贡献。

表 3-3　2015 年印度尼西亚海洋生态系统服务的经济贡献　　单位:千美元

生态系统服务	海岸带			海洋	总体	
	红树林	海草	珊瑚礁		总数	占比
1 供给						
1.1 渔业	12444.4	100313.79	97877.76	41.97	210677.93	86.06
1.2 木质燃料/木炭	125				125	0.05
2 文化						
2.1 娱乐和旅游	14		3176.88		3190.88	1.3
2.2 保存价值	33.3	3932.07	14643.97		18609.34	7.6
3 调节						
3.1 碳保存		154.48			154.48	0.06
4 支持						
4.1 水产养殖	10238.7				10238.7	4.18
4.2 海水养殖		1799.25			1799.25	0.74
总计	22855.4	106199.59	115698.61	41.97	244795.58	
%	9.34	43.38	47.26	0.02	100	

资料来源:Ebarvia, Maria Corazon M. Economic Assessment of Oceans for Sustainable Blue Economy Development [J]. Journal of Ocean and Coastal Economics, 2016, 2 (2).

人们已经认识到,生态系统服务的流量不能准确地反映他们的条件,因为给定的流量可能不可持续或不是长期的。据估计,东盟国家每平方千米健康的珊瑚礁(如旅游业和珊瑚礁渔业)提供的年均经济利益为 23100~270000 美元,珊瑚礁的潜在经济价值为 127 亿美元。[①]东盟生态系统与生物多样性经济学(The Economics of Ecosystems and Biodiversity in Southeast Asia, TEEB)研究报告,2000~2050 年,东盟国家预计将失去 1/3 的红树林,红树林的损失成本估计为 20 亿美元,珊瑚礁的减少将使相关渔业损失价值高达 56 亿美元。其中,印度尼西亚和菲律宾损失最大。据世界银行估算,沿海地区的发展、不可持续的捕捞、环境污染和气候变化的影响,将导致菲律宾经济损失 1.295 亿美元。在泰国,海洋资源退化和海洋环境恶化损失总计达 26.2 亿美元,保护海岸线退化和海岸栖息地估计耗资 24.3 亿美元。

---

① Whisnant R., Reyes A. Blue Economy for Business in East Asia: Towards an Integrated Understanding of Blue Economy [R]. PEMSEA, Quezon City, Philippines, 2015.

第二节　东盟海洋经济的兴起与发展

早在公元前 500 年，《史记》提供了东南亚地区海上贸易网络存在的证据，范围涉及当代越南和马来群岛之间称为努沙登加拉的区域。在 3 世纪，印度商人穿越海洋前往该地区。在 14 世纪，中国使节也航行到该地区并促进了贸易发展。其中最杰出的是郑和下西洋，在他的探险旅程中，中途停经马六甲、苏门答腊巴邻旁港口以及爪哇的泗水。① 在东南亚的历史发展中，贸易具有举足轻重的地位，正是贸易使东南亚地区成为东西方文明的连接地带。贸易的主要商品有来自东南亚的香木、黄金、宝石、香料和其他调味料；来自中国的蚕丝、茶叶、瓷器和丝织品等；来自印度的优质棉织品。

地理大发现后，印度洋和太平洋航线被开辟，世界贸易中的畅销商品就是东南亚地区的香料和胡椒，欧洲人随后也进入了东南亚。16 世纪初，葡萄牙成为海上强国，1511 年占领了马六甲并进入东南亚地区。在 16 世纪末 17 世纪初，荷兰、英国和法国相继成为海上强国并进入东南亚地区，几个强国开始了贸易和势力范围争夺战。20 世纪初，除暹罗之外，整个东南亚地区都成了欧洲列强的势力范围，欧洲殖民者对东南亚的入侵使该地区成为世界贸易中心之一。

第二次世界大战后，东盟国家纷纷取得政治独立，开始了工业化进程。东盟主要国家的工业化经历了从"进口替代"工业化到"面向出口"工业化的转型，各国的工业化进程与国际产业分工紧密相关，生产过程和交换过程与世界市场密切相连，各国的外向型经济体系逐渐形成。由于东盟位于亚洲和太平洋的"十字路口"，是亚、非、欧、大洋洲之间海上航行的必经之地，由此东盟国家海洋运输迅速兴起，而一些航运公司在国际海运业扮演着重要的角色，例如，世界上最大的液态天然气（Liquefied Natural Gas, LNG）船运公司——马来西亚国际航运公司，位列世界前沿的集装箱运营商——新加坡东方海皇集团（Neptune Orient Lines），世界上最大的化学品运输公司——印度尼西亚 Berlian Laju Tanker 船务公司。同时，东盟国家的 9 个港口进入世界港口前 100 名，新

---

① Nazery K., Margaret A. and Zuliatini M. J. The Importance of the Maritime Sector in Socioeconomic Development: A Malaysian Perspective [J]. Tropical Coast, 2009, 16 (1): 16-21.

加坡港务集团位居港务公司世界前十名。①

2000 年以前，东盟国家的海洋经济以海洋运输、海洋捕捞等传统产业为主。2000～2010 年，随着东盟国家经济发展和区域化进程加速，各国的海洋经济进入快速发展阶段，新兴的海洋产业呈加快发展趋势，海洋产业发展的重点逐渐转移到海洋建设、海洋制造、海洋油气、海上矿业、海洋船舶等海洋第二产业。2010 年以来，海洋经济已经进入可持续发展阶段，海洋运输、海岛及滨海旅游，以及海洋信息、技术与金融服务等海洋第三产业已成为海洋经济的重要产业。目前，东盟国家已形成了以海洋渔业、海洋运输业、海洋油气业和滨海旅游业为主导的海洋产业部门，而新兴的海洋产业呈现出不断扩大的趋势。②

第三节　东盟国家海洋经济贡献分析

一、印度尼西亚

印度尼西亚拥有 17508 个岛屿，海岸线长度位居世界第二。作为一个群岛国家，其 70% 的面积完全由海洋覆盖。③印度尼西亚海洋和渔业部门认为，印度尼西亚海洋具有巨大潜力，如果得到有效利用，海洋经济一定会成为印度尼西亚经济增长的主要动力。麦肯锡全球研究报告也指出，印度尼西亚的海洋资源等将推动印度尼西亚在 2030 年成为世界第七大经济体。近年来，印度尼西亚海洋经济对国民经济的贡献不断提高。2008 年，海洋经济对印度尼西亚国内生产总值的贡献为 730 亿美元，2013 年上升至 2565 亿美元（见表 3-4）。2008～2013 年，印度尼西亚海洋经济占国内生产总值的比重从 13% 升至 14.85%。

---

① Nazery K., Margaret A. and Zuliatini M. J. The Importance of the Maritime Sector in Socioeconomic Development: A Malaysian Perspective [J]. Tropical Coast, 2009, 16 (1): 16–21.

② Sustainable Development Strategy for the Seas of East Asia (SDS–SEA) [R]. PEMSEA, Quezon City, Philippines, Updated 2015.

③ Dahuri R., Rais J., Ginting S. P. & M. J. Sitepu. Pengelolaan Sumberdaya Wilayah Pesisir dan Lautan Secara Terpadu (Integrated Coastal and Ocean Resources Development). Second edition. Jakarta, Pradnya Paramita Publishers, 2001: 328.

表 3-4　2008 年和 2013 年印度尼西亚海洋经济的贡献

海洋产业	2013 年（百万美元，现价）	2008 年（百万美元，现价）	2008 年海洋就业人数（占总就业的比例，%）
1. 渔业	29179.91	13534.75	1687560（1.64）
2. 能源矿产业（矿产、油气）	40113.91	12351.12	69397（0.07）
3. 海洋工业（制造业）	67426.94	27005.85	302201（0.29）
4. 海运业（航运）	3233.22	2352.85	84039（0.81）
5. 滨海旅游业	24846.57	994.62	343080（0.33）
6. 海洋建设业	90726.7	16100.15	1850627（1.79）
7. 海洋服务业	—	762.85	190444（0.18）
8. 国防/政府服务业	1017.17	—	—
总计	256544.42	73011.68	5283699（5.11）

资料来源：2008：Indonesian Maritime Council，2012；2013：Indonesian Statistics Council，2015. Fahrudin，A. 2015①.

印度尼西亚的海洋经济由八个部门组成，分别是渔业、滨海旅游业、海运业、海洋工业、能源矿产业、海洋建设业（港口、仓库等）、海洋服务业和政府服务业。2005 年，能源矿产业（油气）对印度尼西亚海洋经济的贡献最大，而海洋建设业则排在第七位。油气业、服务业、旅游业、渔业、制造业、交通运输业和建筑业的增加值依次占印度尼西亚国民生产总值的 7.6%、4.2%、3.5%、2.1%、1.7%、0.7% 和 0.1%。2008 年，海洋制造业对印度尼西亚海洋经济的贡献最大，其次是海洋建设业、渔业、能源矿业、海运业、滨海旅游以及海洋服务；2013 年，海洋建设（船舶制造业）位列第一，其次是海洋工业（制造业）、能源矿业、渔业、滨海旅游业、海运业以及国防/政府服务业。②

印度尼西亚船舶制造业和滨海旅游业发展迅速，船舶制造业的海洋增加值从 2008 年的 161 亿美元上升至 2013 年的 907 亿美元，而滨海旅游业的海洋增加值从 2008 年的 10 亿美元上升至 2013 年的 248 亿美元。这说明了近年来印度尼西亚海洋产业结构不断地调整与优化，海洋第二产业和蓝色产业在海洋经济

①　Fahrudin A. Indonesian Ocean Economy and Ocean Heatth［C］. Power Point Presented in the Inceptinon Workshop on Blue Economy Assessment，Mantlia，2015（6）：28-30.

②　Rikrik R.，et al. The Contribution of the Marine Economic Sectors to the Indonesian National Economy［J］. Tropical Coasts，2009（7）：54-59.

中发挥着越来越重要的作用。从海洋产业就业人数看，2008 年，印度尼西亚从事海洋经济领域的人数超过 500 万，占总就业人数的 5.11%。其中，185 万人从事海洋建设（船舶制造业）工作，渔业的就业人数高达 169 万，滨海旅游业、海洋工业、海洋服务业、海运业以及能源矿产业的就业人数分别为 34 万、30 万、19 万、8 万和 7 万。①②

二、马来西亚

马来西亚海洋经济在国民经济中占有重要的地位。马来西亚曾有一个辉煌的航海历史，15 世纪马六甲苏丹国是当时的海运中心，马六甲港口成了世界性港口。近年来，马来西亚海洋经济快速发展，海洋航运和港口、石油和天然气生产、渔业和水产养殖业成为主要的海洋产业。

由于马来西亚处于战略性的海上枢纽，其海洋航运快速增长，凸显了海运部门对经济增长的作用。目前，马来西亚的海运经济对马来西亚国民生产总值的贡献约为 20%。马来西亚是世界上 20 个最大的贸易国之一，贸易额约占全球贸易总额的 1.4%。据估计，马来西亚货物贸易总量的 95% 都是通过海洋运输的方式完成的，港口和航运促进了马来西亚贸易的发展。马来西亚巴生港和丹戎帕拉帕斯港是世界上最繁忙的集装箱港口之一，港口集装箱吞吐量分别位列世界第 13 位和第 17 位；民都鲁港是世界上最大的液化天然气（LNG）出口终端；柔佛港是世界上最大棕榈油出口终端。③

马来西亚丰富的海洋资源促进了海洋渔业、海上油气业和滨海旅游业的发展。2006 年，马来西亚渔业增加值占 GDP 的 16%，提供约 9.5 万人的就业机会。④在马来西亚，每年珊瑚礁在食品、渔业甚至药品等相关业务的价值约为 6.35 亿美元。⑤马来西亚大部分的石油和天然气资源位于近海，2000 年马来西亚

① 杨程玲. 印度尼西亚海洋经济的发展及其与中国的合作 [J]. 亚太经济, 2015 (2).

② Ebarvia M. C. M. Economic Assessment of Oceans for Sustainable Blue Economy Development [J]. Journal of Ocean and Coastal Economics, 2016, 2 (2).

③ Kaur C. R. Contribution of the Maritime Industry to Malaysia's Economy: Review of Past and Ongoing efforts [C]. Powerpoint Presented in the Inception Workshop on Blue Economy Assessment, Manila, 28-30 July 2015.

④ Nazery K., Margaret A. and Zuliatini M. J. The Importance of the Maritime Sector in Socioeconomic Development: A Malaysian Perspective [J]. Tropical Coast, 2009, 16 (1): 16-21.

⑤ Neuss M. N. Who Are We and Where Are We Headed? [J]. Journal of Oncology Practice, 2010, 6 (2): 111.

在沙巴和沙捞越发现了丰富的油气能源。2012 年，马来西亚石油、天然气和能源部门的增加值为 1270 亿林吉特，占国内生产总值的 19% 左右。马来西亚的滨海旅游业已成为其重要的收入来源，海岛度假胜地和其他海洋景点也为马来西亚带来持续稳定的收入。①

三、菲律宾

菲律宾海岸线长约 17460 千米，海洋资源十分丰富。其中，大小岛屿 7107 个，吕宋岛、棉兰老岛等 11 个主要岛屿占全国总面积的 96%。菲律宾的专属经济区面积约为 220 万平方千米，领海面积达 26.6 万平方千米，大陆架为 18.46 万平方千米，珊瑚礁区域约 2.7 万平方千米。②菲律宾涉海部门包括造船、海洋运输和港口、渔业和水产养殖、娱乐和旅游、海洋能源勘探和开采等。2003～2006 年，菲律宾海洋经济占国内生产总值的比例平均为 4.5%。根据菲律宾最新的海洋经济研究报告，菲律宾海洋产业主要由渔业、海洋油气业、海洋建设、电力（天然气）、制造业（海产品加工）、运输（水路）、仓储、公共服务业以及海洋金融 9 个部门组成。2010～2014 年，菲律宾海洋经济 9 个部门的增加值由 3198 亿比索增加至 3589 亿比索，平均年增长率为 3.42%（见表 3-5）。菲律宾海洋经济增加值对国内生产总值的年均贡献率大约为 5.35%。③ 可以看出，相对于东盟其他国家而言，菲律宾开发利用海洋资源的能力不强，海洋经济发展速度较为缓慢，海洋产业整体发展水平不高。④

在菲律宾海洋产业部门中，海洋渔业依然是菲律宾海洋经济的支柱产业之一，渔业增加值占海洋经济总量的最大份额，但增加值从 2010 年的 1364 亿比索减少到 2014 年的 1305 亿比索，对海洋经济总量的贡献率则从 2010 年的 42% 降为 2014 年的 36%。其原因主要是菲律宾海洋渔业以捕捞为主，且捕捞装备比较落后，虽然近年养殖的贡献有所提高，但是养殖业发展遇到了种苗退化、环

---

① Maritime Institute of Malaysia. The future of Malaysia's maritime economy. Malaysian Management Review. Accessed on 10 March 2009 from http：//mgv. mim. edu. my/MMR/9812/981204. htm.

② 乔俊果. 菲律宾海洋产业发展态势 [J]. 亚太经济，2011（4）：71-76.

③ Talento R. J. Accounting for the Ocean Economy Using the System of National Accounts [J]. Ocean and Coastal Economics，2016，2（2）.

④ Maritime Industry Authority of the Philippines，The Philippine Maritime Industry：Prospects and Challenges in 2013 and Beyond [R]. Manila，2013.

境污染等问题。菲律宾是亚太航运航线的枢纽，近年菲律宾的航运业有较快的发展。全球航运业最大的海员输出国就是菲律宾，根据菲律宾劳动和就业部（Department of Labor and Employment）的统计数据，在全球150万海员中菲律宾的海员数量占比超过25%。①菲律宾是一个非油气生产国，石油和天然气主要依赖进口。2014年，菲律宾海洋油气以及电力（天然气发电）增加值占海洋经济增加值的24.4%。

表 3-5　2010~2014 年菲律宾海洋经济的贡献

海洋产业	总增加值（百万比索）/年增长率（%）				
	2010 年	2011 年 （2010~2011 年）	2012 年 （2011~2012 年）	2013 年 （2012~2013 年）	2014 年 （2013~2014 年）
1. 渔业	136427	130529（-4.32）	130032（-0.38）	131003（0.75）	130495（-0.39）
2. 海洋油气业	22542	23699（5.13）	22617（-4.56）	20422（-9.7）	20723（1.47）
3. 海洋建设	16611	1248（-92.49）	50001（3905.84）	19270（-61.46）	22165（15.02）
4. 电力	60233	64330（6.8）	68108（5.87）	68396（0.42）	67031（2.0）
5. 制造业	23686	19974（-15.67）	24307（21.69）	27873（14.67）	29108（4.43）
6. 运输	12337	13781（11.71）	15617（13.32）	15341（-1.76）	16062（4.7）
7. 仓储	34443	39673（15.19）	43186（8.85）	48749（12.88）	58663（20.34）
8. 公共服务	11444	10886（-4.88）	11600（6.56）	12135（4.61）	11562（-4.72）
9. 海洋金融	2090	2279（9.07）	2496（9.51）	2911（16.64）	3127（7.4）
总计	319812	306399（-4.19）	367963（20.09）	346100（-5.94）	358934（3.71）

资料来源：Ebarvia, Maria Corazon M. Economic Assessment of Oceans for Sustainable Blue Economy Development [J]. Journal of Ocean and Coastal Economics, 2016, 2 (2).

当然，菲律宾海洋产业发展水平不高。尽管菲律宾四面临海，海洋渔业资源丰富，捕捞仍是渔业的主体，但由于捕捞装备较落后，近岸渔业资源面临过度捕捞的挑战。菲律宾不具备海洋油气的开采能力，因此海洋油气上游工业长期依赖外资。菲律宾进出口吞吐量最大的港口是马尼拉港和宿务港，但是由于港口道路交通设施和港口装卸设备落后，港口的辐射能力不强。菲律宾滨海旅游业具有语言、资源及服务人才优势，但存在国外客源偏少和分布过于集中等不足。

---

① Romulo A. V., Raymundo J. T., Edward E. P., et al. Measuring the Contribution of the Maritime Sector to the Philippine Economy [J]. Tropical Coast, 2009, 16 (1): 60-70.

四、新加坡

新加坡面积仅 700 多平方千米，人口 500 多万，是一个海岛型的城市国家。独立以后，新加坡凭借独特的区位优势，以海洋为主要依托，推动产业转型升级，实现了经济起飞，成为世界上重要的制造业生产与出口基地、第三大炼油中心、航运中心、国际金融中心和旅游中心。新加坡充分利用海上石油通道枢纽的地理条件，大力发展炼油工业。新加坡原油炼制产量超过 130 万桶/天，原油加工量占东盟国家生产总量的 40%。长期以来，新加坡保持自由港的地位，大力发展海洋航运业，不断完善港口基础设施，其集装箱吞吐量在世界的排名均在前三位。为促进国际贸易枢纽的建设，新加坡将航运服务延伸至航运金融、保险等业务，逐渐建立起亚洲乃至全球的航运金融中心。

近年来，新加坡的海洋工程制造业取得新进展。新加坡的造船企业积极扩大海上石油钻井平台的建造能力，经过"修船—改装—建造"渐进式发展，成为亚洲海洋工程装备制造基地。2016 年，新加坡海洋产业协会公布了《2015 年新加坡海洋产业年度报告》，报告中涉及的新加坡海洋工程制造业主要包括造船业、船舶修理业和海上制造业三类。2015 年，新加坡海洋工程制造业总营业额为 147.3 亿美元，其中，船舶修理部门为 48.6 亿美元、船舶制造部门为 2.9 亿美元、离岸部门为 95.7 亿美元（见表 3-6）。

表 3-6　2006～2015 年新加坡海洋工程制造业的贡献　　单位：十亿美元

年份	总营业额	船舶修理部门	船舶制造部门	离岸部门
2006	9.80	4.90	1.67	3.23
2007	13.05	6.26	1.83	4.96
2008	16.80	6.47	1.53	7.39
2009	16.83	6.73	0.84	9.26
2010	13.47	4.85	0.54	8.08
2011	13.32	5.20	0.67	7.46
2012	15.01	4.80	1.13	9.08
2013	15.30	4.74	0.84	9.72
2014	17.23	5.51	0.52	11.20
2015	14.73	4.86	0.29	9.57

资料来源：根据 Association of Singapore Marine Industries（http：//www.asmi.com）的数据整理。

五、泰国

泰国海洋资源十分丰富,海洋经济发展迅速。从海洋经济价值来看,包括海洋资源贡献和海洋经济贡献。可再生资源价值包括珊瑚礁、红树林、海草、渔业的使用价值和非使用价值。非生物资源包括近海石油和天然气、盐和沿海土地。如表3-7所示,泰国海洋资源和海洋活动的总贡献为2126.5亿美元,其中海洋资源和海洋活动的贡献分别为209.6亿美元和1805.2亿美元。在海洋活动中,海运的贡献为1748.8亿美元,旅游为56.4亿美元,其他为14.2亿美元;在海洋资源中,可再生资源的贡献为67亿美元,非可再生资源为142.6亿美元。[①]

表3-7 泰国海洋经济的贡献

海洋资源与活动	海洋经济增加值(百万美元)	占GDP比例(%)
1. 海洋资源贡献	20962.23	9.86
1.1 可再生资源	6703.11	3.15
1.2 非可再生资源	14259.12	6.71
2. 海洋经济贡献	180522.6	90.14
2.1 海运	174882.88	82.24
2.2 相关工业	9744.61	4.58
2.3 旅游	5639.72	2.65
2.4 其他	1422.47	0.67
总计	212651.91	100

注:各海洋资源和活动数据使用不同的年份数据(1998~2007年)。

资料来源:Jarayahand S., Chotiyaputta C., Jarayahand P., et al. Contribution of the Marine Sector to Thailand's National Economy [J]. Tropical Coast, 2009, 16 (1): 22-26.

1992年以来,泰国已成为世界十大渔业生产和出口国之一。2006年,渔业增加值为290亿美元,占国内生产总值的1.27%,渔业部门的就业人数超过22万。近十多年来,泰国的水产养殖业发展迅速,水产养殖产量和产值分别从

---

① Jarayahand S., Chotiyaputta C., Jarayahand P., et al. Contribution of the Marine Sector to Thailand's National Economy [J]. Tropical Coast, 2009, 16 (1): 22-26.

1997 年的 53.98 万吨和 19.06 亿美元增至 2012 年的 123.39 万吨和 33.16 亿美元。泰国水产养殖的主要品种有斑节对虾、南美白对虾、泥蚶、紫贻贝、牡蛎和鲈鱼等，其中，虾产业占绝对优势。泰国水产品加工业比较发达，水产加工产品多样化，包括水产加工品、鱼糜、罐头、冷冻鱼，还包括鱼粉及可溶物等。同时，渔业和水产加工业带动了相关部门的就业增长，如制冰、冷藏、鱼类加工以及造船等行业的人数估计在 200 万。其中，40% 是渔民，60% 是其他相关及支持产业的员工。

随着东盟旅游业的迅速兴起，各国接待国际游客的人数日益增多，泰国成为东盟国家中接待国际游客最多的国家。2004 年，泰国旅游业收入高达 190 亿美元，占国家总收入的 30%，其中，沿海旅游业的总贡献约为 56 亿美元，占国内生产总值的 2.65%。2013 年，泰国旅游部门的总收入为 400 亿美元。2014 年下降至 390 亿美元，位居世界第十位。根据世界旅游理事会（World Travel and Tourism Council）统计，2015 年泰国旅游业收入 364 亿美元，对泰国国内生产总值的直接贡献（旅游业占 GDP 的比重）为 20.8%，旅游就业人数占总就业数的 15.4%，这表明旅游业是泰国经济的重要驱动力。其中，外国游客支出占旅游部门生产总值的 75%。据世界旅游协会统计，2016 年全球的旅游业增长 6.5%，其中泰国旅游业增长 11%，增长速度名列全球第十位。到 2027 年，预计泰国的旅游业收入将达到 5.9 万亿铢（约合 1700 亿美元），占 GDP 的 1/3，旅游业就业人数将达到 960 万。

六、越南

越南虽然国土面积不大，但海岸线很长，从北至南蜿蜒 3200 千米。越南拥有多样化的自然资源，在 20 个沿海和海洋生态系统中存在 11000 多个水生物种、6000 种底栖动植物种和 2000 种鱼类。非生物资源多样化，包括石油和天然气等各种矿产，总储量达到 100 亿吨。从 1980 年开始，越南政府大力扶持和发展海洋经济，并已取得了明显的成效。近年来，越南海洋经济部门的规模逐步扩大，海洋经济占全国 GDP 的比重从 2004 年的 51.86% 上升到 2007 年的 57.47%。目前，在海洋经济部门中，六大行业（渔业、油气业、海运业、海洋旅游业、制造业和海洋建设）的贡献占该部门增加值的 98% 以上。

2007 年，就海洋部门对国内生产总值贡献率而言，制造业的增加值最大，其对国内生产总值的贡献率高达 21.26%。作为海洋产业的重要组成部分，船舶制造业在越南受到高度重视。2007 年越南新船接单金额首次突破 60 亿美元，创造了新接订单量世界第五的奇迹。近十年来，越南造船工业平均增速为 25% ~ 30%。越南通讯社认为，2020 年后越南海运业有望位居第一位。[①] 越南的海洋油气业产值仅次于制造业，占国内生产总值的 19%。越南在南部九龙、南昆山、中部沿海以及北部红河三角洲等海域都已探明或发现了大量的油气资源储藏。越南初步探明的石油天然气储量共 10 亿立方米，估计其总储量可能达 35 亿 ~ 50 亿立方米。[②] 在东盟国家中，越南的预期石油储藏量仅次于印度尼西亚、马来西亚，名列区域第三位。目前，以油气工业发展为核心的海洋油气业已然成为越南国民经济的首要支柱性产业；越南的海洋建设、渔业以及滨海旅游业的增加值分别占国内生产总值的 6.97%、4.03% 和 1.94%（见表 3-8）。其中，滨海旅游业对国内生产总值的贡献增长显著，从 2004 年的 1.5% 增至 2007 年的 1.94%。目前，越南政府已将旅游业列为其国内优先发展的七大重点产业之一，并将滨海旅游业作为带动整个旅游产业发展的关键突破口。[③]

表 3-8 2007 年越南海洋经济的贡献

产业	增加值（十亿越盾）	占 GDP 比重（%）	就业人数（千人）
1. 渔业	46091	4.03	1684
2. 油气业	217306	19.00	22000
3. 海运业	51124	4.47	1217
4. 滨海旅游业	21730	1.94	2267
5. 海洋建设	79716	6.97	N/A
6. 制造业	243153	21.26	5963
总计	659120	57.67	33131

资料来源：Tuan V. S, Duc N. K. The Contribution of Vietnam's Economic Marine and Fisheries Sectors to the National Economy from 2004-2007 [J]. Tropical Coast, 2009, 16 (1)：36-39.

总的来说，经过几十年的积累，越南逐步形成了以海洋油气业、海洋渔业、滨海旅游业、港口及海洋运输业等为支柱的海洋经济体系。其中，海洋油气资

① 越南通讯社. 2020 年后越南海运经济有望位居第一位 [EB/OL]. http：//zh. vietnamplus. vn/2020 年后越南海运经济有望位居第一位/41328. vnp, 2015-05-10.

② 席嘉珍. 越南海上石油勘探开发简况 [J]. 海洋地质信息通报, 1994 (8).

③ 越南拟优先发展 7 个优势产业 [N]. 越南经济时报, 2010-03-02, 转引自中国商务部网站, http：//www. mofcom. gov. cn/aarticle/i/jyjl/j/201003/20100306802501. html.

源开发是越南海洋经济最重要的组成部分，未来船舶制造/维修业将成为越南经济的一个重要增长点。

综上所述，东盟各国对海洋经济产业的发展各有偏重。2000 年以前东盟国家一般以海洋运输、海洋捕捞与水产等传统产业作为重点。2000～2010 年，随着资金和技术的积累，海洋经济进入快速发展阶段，滨海旅游、海产品加工、包装及储运等产业呈加快发展趋势，并将产业发展的重点逐渐转移到海洋建设、海洋制造、海洋石油、海上矿业和海洋船舶等海洋第二产业。2010 年以来，海洋经济已经进入可持续发展阶段，海洋运输、海岛及滨海旅游、海洋信息以及技术与金融服务等海洋第三产业已成为海洋经济的重要产业，同时海洋新兴产业不断涌现。以下四个行业属于东盟比较成熟的海洋产业：①第一，海洋交通运输业，由于东盟国家处于相当重要的战略位置，且大多发展出口导向性工业，因此，海洋交通运输业是东盟国家一个重要的产业。第二，东盟国家靠海而生，渔业不仅可以提供食物，而且可以为当地居民提供大量的就业机会，因此，东盟国家将渔业作为其开发海洋、利用海洋的一个基础产业。第三，海洋油气业，东盟油气行业虽然不像以前可以作为国家出口的主要收入来源，但是鉴于东盟海洋油气对工业发展的积极作用以及未来巨大的发展潜力，海洋油气业在海洋产业中依然占据重要的地位。第四，滨海旅游业是东盟国家海洋经济发展中最具潜力的行业，不仅因为旅游业可以带来较大的收入效应，而且还可以带动其他相关产业的巨大发展，此外，旅游业还是东盟海洋经济可持续发展最重要的产业。

本章小结

近年来，随着世界经济中心逐渐向亚洲转移，东盟国家的工业化和城市化推动了海洋资源的开发与利用。本章通过描述东盟国家海洋经济发展总体概况，得到以下几点主要结论：首先，东盟国家间海洋资源禀赋存在很大差异，其对空间资源与生态资源的开发与利用越来越重视；其次，东盟国家海洋经济对该

---

① Sustainable Development Strategy for the Seas of East Asia (SDS-SEA) [R]. PEMSEA, Quezon City, Philippines. Updated 2015.

地区的社会经济有很大的影响，而海上贸易、海运及其辅助性行业和资源型行业是其主要的发展方式；最后，海洋经济对东盟国家的 GDP 增长贡献较大。虽然各国由于资源和发展水平不一，使各国海洋产业发展水平和结构各具特色，但海洋渔业、海洋油气业、海洋交通运输业和滨海旅游业已成为东盟国家主要的海洋产业部门，并对各国经济增长做出了重要的贡献。不过，在过去几十年海洋经济增长一直伴随着自然资源和生态系统服务的下降。"蓝色经济"提倡低碳环境影响的增长战略，它将成为未来东盟国家海洋经济可持续发展的方向。

第四章 东盟国家主要海洋产业发展现状分析

近年来，东盟国家的海洋经济迅速发展，涉海部门成为国内重要的产业部门。各国政府纷纷制定海洋产业发展战略与政策，推动海洋产业的调整与升级，海洋渔业、海上油气业、海洋交通运输业和滨海旅游业已逐渐成为典型产业，它们对国民经济的贡献不断上升。

第一节 海洋渔业

一、东盟国家海洋渔业的发展现状

随着世界人口的增长和生活水平的提高，人们对海产品的消费逐渐增加。2000~2015 年，全球渔业产量从 1.3 亿公吨增加到 1.9 亿公吨，年均增长率为 2.4%。预计 2050 年，人们对鱼类产品的消费量将增加 50%。亚洲作为主要的渔业产地，渔业总产量从 2000 年的 6740 万公吨增加到 2015 年的 1.038 亿公吨，年均增长率为 3.2%，渔业总产量约占世界总产量的 53%。

东盟国家的渔业产量从 2000 年的 1708 万公吨增加到 2015 年的 4220 万公吨，年均增长率高达 5.6%。2015 年，东盟国家渔业产量对世界渔业产量的贡献率为 21.6%。[①]这一成就与东盟各国政府促进渔业部门的可持续发展管理有密切关系。在这期间，印度尼西亚、越南、柬埔寨以及缅甸的渔业产量增长态势

---

① FAO Stats. http：//www.fao.org/fishery/statistics/global-commodities-production/zh，2007.

迅猛，年均增长率超过东盟平均水平，分别为 9.2%、7.3%、6.3% 以及 6.2%。文莱、菲律宾和马来西亚的渔业增长速度较为缓慢，分别为 4.7%、2.6% 和 2.1%。2000~2015 年，新加坡和泰国海洋渔业进入低速发展阶段，年均增长率均为 -0.3%。2015 年，东盟国家渔业产量为 3874 万公吨。其中，印度尼西亚凭借其漫长的海岸线和众多的岛屿、丰富的渔业资源，渔业产量高达 1995 万公吨，占东盟渔业总产量的 49%；其次是越南、菲律宾和缅甸，分别为 620 万公吨（占 16.0%）、450 万公吨（占 11.6%）、295 万公吨（占 7.6%），泰国、马来西亚、柬埔寨和新加坡四国所占份额高达 13.8%。①

东盟国家的渔业主要分为捕捞业（包括海洋与内陆）和水产养殖业（海洋与内陆）。按行业划分，2015 年该地区的水产养殖产量约占渔业总产量的 53%，其中海洋水产养殖业占 43%，内陆养殖业占 10%；渔业捕捞产量占 47%，其中海洋捕捞渔业约占 40%，而内陆捕捞渔业则占 7%。由于马来西亚和泰国的捕鱼技术较为先进，加上两国的渔船几乎是动力船，因而这两个国家的海洋捕捞业产量分别占渔业总产量的 74% 和 58%；印度尼西亚动力船占所有渔船总数的 73%。②东盟其他国家则以水产养殖业为主，印度尼西亚近年来积极引进外资，努力提高远洋养殖技术，全力发展海洋水产养殖业，其产量占渔业总产量的 65%。从产值来看，2014 年，东盟国家的海洋捕捞渔业总额占渔业生产总值的 50%，水产养殖占 41%，内陆捕捞渔业则占 9%。海洋捕捞业产品的价值约为 1299 美元/吨，内陆捕捞渔业和水产养殖的价值分别约为 1220 美元/吨和 773 美元/吨。全球市场已经认识到通过捕捞渔业收获水产品的价值，这些产品的数量呈上升趋势，马来西亚和泰国为提高渔业的经济价值，积极发展海洋捕捞业（见表 4-1）。③

---

① http：//www.fao.org/fishery/statistics/global-commodities-production/zh.

② Southeast Asian State of Fisheries and Aquaculture 2017 ［R］. Southeast Asian Fisheries Development Center, Bangkok, Thailand, 2017.

③ Fishery Statistical Bulletin of Southeast Asia 2014 ［R］. Southeast Asian Fisheries Development Center, Bangkok, Thailand, 2017：138-152.

表 4-1 2015 年东盟国家渔业产量　　　　　　　单位：公吨

国家	捕捞		养殖		总产量
	海洋	内陆	海洋	内陆	
文莱	3370	0	971	12	4353
柬埔寨	120288	487905	3370	139630	751193
印度尼西亚	6108290	457060	12688203	296108	19549661
老挝	0	62636	0	108500	171136
马来西亚	1490130	5924	394320	112645	2003019
缅甸	1090060	863450	55524	944106	2953140
菲律宾	1951577	203366	2044959	303200	4503102
新加坡	1265	0	5836	620	7721
泰国	1493050	196600	506155	390941	2586746
越南	2607214	150100	1018966	2431234	6207514
东盟	14865244	2427041	16718304	4726996	38737585

资料来源：根据 FAO（2017）渔业统计数据库整理编制。

近年来，由于渔业部门产能过剩、渔业从业人员效率的提高以及渔业技术的提高，使得世界渔业就业人数减少。2014 年，全球渔民人数为 7538 万，其中亚洲渔民人数占全球渔民总数的 76%，东盟国家从事渔业的人数达到 817 万。其中，缅甸渔业部门的就业人员最多，将近 300 万；印度尼西亚渔民人数位居第二，达 267 万；菲律宾渔民人数为 190 万，位居第三。在东盟国家，渔业部门对各国的经济发展与劳动就业发挥着重要的作用，东盟国家 80% 的渔民在海洋捕捞业就业，菲律宾、马来西亚、印度尼西亚以及文莱在海洋捕捞部门的渔民数量分别为 87%、84%、82% 以及 80%。[①]

二、海产品加工业

在过去的几十年里，东盟国家是全球鱼类和海产品的重要来源地之一。由于高质量和高附加值的海产品出口到日本、中国、中国香港、美国、欧盟、澳

---

① FAO yearbook. Fishery and Aquaculture Statistics 2014［R］. The Food and Agriculture Organization, USA, 2016：32-45.

大利亚及加拿大等地。海产品加工大多以风干和冷冻的形式，通过咸干、烟熏、冷冻、罐装和蒸制等加工方式以延长其保质期，加工生产的大多是该地区的传统产品，如发酵鱼和鱼露。联合国粮农组织（2014）指出，东盟在鱼类加工过程中还需要在活鱼运销领域，特别是制冷、制冰、包装等方面进行改进与创新。该区域的一些国家仍然缺乏适当的基础设施与服务，包括卫生设施、电力、饮用水、道路、制冰、冷藏库和冷藏运输系统。由于该地区处于热带，这些因素的缺乏通常会导致鱼类收获后遭到损失和质量下降。近几十年来，全球化趋势改变了东盟鱼类加工部门，使其更加多样化和充满活力。日益全球化的连锁超市和大型零售商已将鱼类食品作为必需品，东盟鱼类加工业呈现出产业集群化趋势，厂商垂直整合以提升产品结构，获得更好的收益，以应对进口国不断变化的质量和安全要求。①

三、海洋渔业贸易

近几十年来，全球渔业生产的扩大和渔业需求的增加推动了海产品贸易的大幅增长，海产品成为世界上贸易量最多的食品之一。根据粮农组织的数据，这些产品占农业出口总额的 10% 左右，占世界商品贸易总额的 1%。2013 年，世界渔业产量为 16.2 亿公吨，其中，海产品出口总量和进口总量分别为 3600 万公吨和 3520 万公吨，分别占世界渔业总量的 22.4% 和 21.6%。2013 年，东盟海产品出口、进口总量为 540 万公吨和 324 万公吨，分别占东盟渔业总量的 13.5% 和 8.1%，东盟是一个海产品的净出口国。

东盟国家海产品出口总量和产值均占世界的 15%。从出口总额来看，泰国和越南出口总额分别为世界各国海产品出口总额的第三位和第四位，仅次于中国和挪威，均占世界出口总额的 5%。其后，分别是印度尼西亚、菲律宾、马来西亚、缅甸、柬埔寨、新加坡和文莱。从出口总量来看，2002 年以来，泰国均为东盟最大的海产品出口国，2013 年泰国出口总量占东盟总量的 56%。此后泰国海产品出口大幅度下滑，这主要与疾病问题导致的对虾生产减少有关。越南是东盟第二大海产品出口国，其出口总量占东盟总量的 26%。2014 年，越南超越泰国成为全球第三大海产品出口国。从出口价格来看，新加坡海产品出口价

---

① FAO yearbook Fishery and Aquaculture Statistics 2014 [R]. The Food and Agriculture Organization, USA, 2016：34-39.

格位居首位，为7900美元/公吨；其次是越南（4515美元/公吨）、泰国（4365美元/公吨）、菲律宾（3730美元/公吨）、印度尼西亚（3275美元/公吨）、马来西亚（3250美元/公吨）；缅甸的出口价格最低，为1730美元/公吨。[1]

2013年，就海产品进口总量而言，东盟占世界进口总量的5%。其中，泰国作为最大的进口国，贸易逆差为49163公吨；其次为越南，其贸易顺差为119万公吨；第三位为印度尼西亚，贸易顺差为96万公吨；第四位和第五位分别是新加坡和马来西亚，贸易逆差分别为16万公吨和21万公吨。印度尼西亚作为东盟最大的海业生产国家，海产品出口位居东盟国家的第三位，但由于印度尼西亚人口和人均收入的增加，海产品作为一种廉价而有营养的食品被作为主要的消费品，从而降低了海产品的出口（见表4-2）。[2]

表4-2　2013年东盟国家海产品贸易流量　　　　单位：公吨

国家/区域	总产量	进口	出口	净出口
文莱	3431	1498	13956	−12458
柬埔寨	728000	32000	7865	24135
印度尼西亚	19245632	1228475	264893	963582
老挝	164228	9	5995	−5986
马来西亚	1749314	246024	463234	−217210
缅甸	4715840	376848	9528	367320
菲律宾	4695369	317973	257910	60063
新加坡	7210	47906	206906	−159000
泰国	2900591	1618684	1667847	−49163
越南	5831300	1528850	339272	1189578
东盟	40040915	5398267	3237406	2160861

资料来源：根据FAO（2017）渔业统计数据库整理编制。

四、海洋渔业的可持续性发展

随着世界人口的增加和消费结构的变化，各国渔业生产与贸易将面临新的

[1][2] Southeast Asian State of Fisheries and Aquaculture 2017 ［R］. Southeast Asian Fisheries Development Center, Bangkok, Thailand, 2017：1-35.

挑战。2014~2050 年，世界人口预计由 73 亿增加至 96 亿，东盟人口预计由 6.2 亿增加到 7.9 亿。2013 年，世界对鱼类产品的消费量为人均 19.7 千克，东盟国家为 35.1 千克，相当于世界人均消费量的 2 倍左右。其中，各国对鱼类产品的消费量不尽相同，缅甸、马来西亚、文莱、新加坡、柬埔寨和印度尼西亚对鱼类产品人均消费量分别为 60.7 千克、54 千克、47 千克、46.9 千克、41.4 千克和 31.8 千克。因此，渔业是东盟国家一个重要的部门，除了满足人们对食品安全和营养的需求外，还可以获得持续的收入。同时，东盟还是重要的海产品出口国，对世界海产品市场有着举足轻重的作用。因此，渔业的可持续发展对东盟国家尤其重要。目前，世界上几种主要的鱼类处于过度捕捞的状态，加上水质污染、生态破坏以及海洋污染，未来东盟国家的海洋捕捞数量将受到制约，这将直接影响海洋渔业产量和海产品的进出口贸易。[①]

第二节 海洋油气业

一、东盟国家海洋石油业概况

近年来，东盟国家面临大型产油区产量下滑，而新的大型产油区产量有限的问题。2003~2016 年，东盟国家的石油日产量从 290 万桶下降到 250 万桶。其中，印度尼西亚作为东盟最大的石油生产国，减幅最大，2000 年以来石油产量下降了 40%，这主要是因为投资不足而引起现有油田产量下降。同时，在已探明储量中，印度尼西亚从 2001 年的 51 亿桶下降到 2016 年的 33 亿桶；作为东盟第二大产油国，马来西亚的石油日产量从 2000 年的 70 万桶下降至 2016 年的 36 万桶，降幅约为 50%；泰国石油产量位居东盟国家第三位，2016 年石油日产量为 27 万桶。虽然自 2000 年以来石油产量增速比东盟其他国家快，但是依然无法满足国内强大的需求；越南的石油产量排在第四位，该国的需求量超过其供给量。

---

① Southeast Asian State of Fisheries and Aquaculture 2017 ［R］. Southeast Asian Fisheries Development Center, Bangkok, Thailand, 2017: 142.

东盟国家经济和人口的增长，推动了该地区石油需求的快速上升，导致东盟国家油气进口增加。石油依然是一次能源的主要来源，2000~2016 年，东盟石油需求总量增加 40%，2016 年东盟石油总需求为 2400 万桶/天，最大的终端消费是交通运输部门，其次是工业部门，最后是家用燃气。2000 年，东盟国家石油产量可以满足区域需求，但 2016 年东盟国家石油净进口量达到 1300 万桶/天。2012 年，东盟综合炼油能力约 4800 万桶/天。其中，新加坡 1300 万桶/天的能力，是世界最大的石油精炼和贸易中心之一；马来西亚的炼油能力为 590桶/天，足以满足对成品油的需求；印度尼西亚和泰国超过 100 万桶/天，印度尼西亚依赖于成品油的进口来满足国内需求；越南炼油厂产能为 13 万桶/天，远远低于国内成品油的需求，这也使得该国依赖进口。

总的来说，2000~2016 年，东盟国家石油进口需求增加了 5 倍，2016 年的净进口量为 3500 万桶/天。如图 4-1 所示，虽然 2004 年以后印度尼西亚成为石油净进口国，但目前它仍然是东盟最大的石油生产国，文莱和马来西亚是东盟仅有的两个石油净出口国。目前，东盟虽然被认为是一个成熟的产油区，仍有提高产量的潜力，因为还有相当大的区域可待开发，尤其在深水区域，但是产量的增加受到开采权不清晰、基础设施落后和投资不足等问题的影响。①

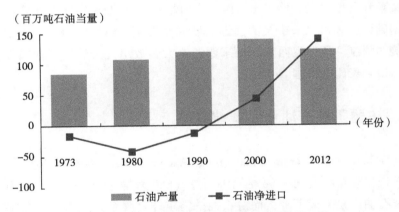

（百万吨石油当量）

图 4-1 1973~2012 年东盟石油产量及净进口量

资料来源：根据 IEA 数据库（2015）整理编制。

---

① World Energy Outlook. Southeast Asia Energy outlook 2017 [R]. International Energy Agency, Paris, France, 2017：29-30.

二、东盟国家天然气发展现状

东盟国家的天然气资源比石油资源丰富，印度尼西亚、马来西亚、缅甸和文莱是主要出口国，未来天然气有望在东盟国家的能源结构中起主导作用。1973~2016 年，东盟国家天然气产量年均增长率达到 12%，从 200 万吨石油当量上升到 1. 18 亿吨石油当量。印度尼西亚成为东盟最大的天然气生产国，年均增速达到 14.9%，2016 年达到 0. 51 亿吨石油当量；马来西亚天然气产量从 20 世纪后突飞猛进，2016 年位居第二，产量达到 0. 39 亿吨石油当量。2016 年，印度尼西亚、马来西亚以及泰国三国天然气产量占东盟国家总产量的 83%。

2016 年底，东盟国家已探明天然气储量为 81000 亿立方米，占世界总量的 3.5%，其中 70%已探明天然气储量分布在印度尼西亚和马来西亚。2016 年，两个国家天然气总产量为 2200 亿立方米，这两个国家也是主要的天然气出口国，主要以液化天然气的形式出口；泰国和新加坡是主要的天然气进口国，2016 年的进口量分别为 160 亿立方米和 120 亿立方米；菲律宾和越南在天然气方面可以自给自足，但是由于未来天然气需求的增加，这两个国家也将变为天然气进口国；文莱和缅甸也是天然气出口国，出口量较少（见图 4-2）。东盟区域内气体管道基础设施和国家采购灵活性影响该区域液化天然气的出口。例如，受到管道连接的限制，印度尼西亚和马来西亚绝大多数出口天然气到新加坡，缅甸天然气出口到泰国和中国。[1]

三、东盟国家石油业发展前景

国际能源开发署（International Energy Agency，IEA）预测到 2040 年东盟国家石油净进口总量将达到 3. 08 亿石油当量（660 万桶/天），这主要是因为未来东盟国家石油产量持续下降，而对石油的需求非常强劲。从石油产量来看，东盟国际将从 2016 年的 1. 18 亿石油当量（250 万桶/天）下降到 2040 年的 0. 79 亿石油当量（170 万桶/天），石油产量年均下降率为 1.7%。2040 年，印度尼西亚、马来西亚、越南和泰国的石油总产量为 150 万桶/天左右，占东盟国家石

---

[1]　World Energy Outlook. Southeast Asia Energy outlook 2015 International Energy Agency ［R］. Paris, France，2015：28.

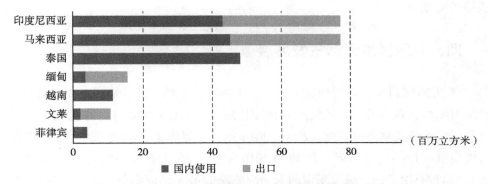

图 4-2　2016 年东盟国家天然气国内需求和出口总量

资料来源：IEA. Southeast Asia Energy outlook 2017：30-33.

油总产量的 88.2%。印度尼西亚依然是东盟国家最重要的石油生产基地，2040
年预计产量为 51 万桶/天；马来西亚紧居其后，预计产量为 49 万桶/天；越南
将超过泰国，成为东盟第三大石油生产国，其产量预计达到 28 万桶/天。2016
年底，越南已探明的石油储量达 44 亿桶，占东盟石油总储量的 33.4%，超过印
度尼西亚（33 亿桶）、马来西亚（36 亿桶）、泰国（18 亿桶）。泰国石油主要
来源于泰国湾，缅甸、柬埔寨等国的石油产量将持续上升，2040 年预计为 24
万桶/天。

　　从石油需求量来看，2016~2040 年，东盟石油需求量预计从 2.2 亿石油当
量（470 万桶/天）增加到 3.8 亿石油当量（660 万桶/天），年均增长率为
1.4%。2040 年，液化石油气、汽油、煤油、柴油及燃油等石油产品总需求量为
880 万桶/天。柴油的需求量最大，预计达 219 万桶/天。煤油的需求增长最快，
从 2016 年的 50 万桶/天增加到 2040 年的 133 万桶/天，年均增长率为 4.2%。
这主要是因为东盟国家交通运输业发展非常迅速，运输业已成为对石油需求最
大的一个终端消费部门。为了适应未来对石油的需求，东盟国家积极扩大炼油
规模，提高炼油能力。

　　从石油进口量来看，虽然东盟整体的石油进口量保持不变，但是原油的进
口将大幅增加，预计从 2016 年的 210 万桶/天增加到 2040 年的 550 万桶/天。
随着石油价格变化和亚洲市场对原油份额的竞争，未来东盟国家石油进口将面
临更大的压力，尤其是对少数中东供应商的依赖加剧了进口压力。未来，东盟
将启动更多的项目来增加国家储存石油的能力。例如，目前马来西亚有三个国
家储存石油项目在实施，印度尼西亚计划实施 9 个项目，新加坡和越南也在积

极储备石油。[①]

四、东盟国家天然气发展展望

自 2000 年以来，东盟国家天然气产量一直处于增长的态势，但在今后的一段短时间内，东盟国家天然气产量预计将减少。2016~2040 年，东盟国家天然气产量年均增长率为-0.1%。2000~2016 年，东盟国家天然气总产量从 1.3 亿石油当量（1590 亿立方米）增加到 2016 年的 1.88 亿石油当量（2230 亿立方米），超过石油产量，成为东盟国家一次能源的最大组成部分。之后产量减少，到 2025 年东盟国家天然气产量预计减少到 1.67 亿石油当量（1980 亿立方米）。随着东盟国家能源结构的进一步调整，天然气开放程度加大，投资的增加以及开采技术的进步，更多的深海区域的天然气得到开采，预计到 2040 年东盟天然气产量增加到 1.85 亿石油当量（2170 亿立方米）。

印度尼西亚依然是东盟国家天然气最大的生产国，预计产量从 2016 年的 770 亿立方米增加到 2040 年的 900 亿立方米。目前，印度尼西亚约有 40% 的天然气用于出口，但是供给的增加不能满足强大的需求，到 2030 年印度尼西亚将成为天然气进口国。印度尼西亚天然气储量达到 15 兆立方米，其中 1/3 属于非常规天然气资源（主要是煤气层和页岩气），目前印度尼西亚有个大型的天然气开发项目，称为东纳士纳（East Natuna），这是亚洲最大的还未开发的气田，位于加里曼丹西海岸。印度尼西亚天然气产量的主要贡献来源于印度尼西亚深水开发项目，主要分布在加里曼丹东部和苏玛查（Sumatra）。出口价格低以及天然气关税阻碍了对印度尼西亚天然气勘探和开发的投资，国内天然气价格补贴和行业准入限制导致需求快速增长、浪费性消费和暂时性的天然气短缺。预计印度尼西亚天然气产量在 2040 年增加到 160 亿立方米（相当于总产量的 17%）。

就东盟其他国家而言，马来西亚作为第二大天然气生产国，正面临着成熟气田产量下降的挑战；缅甸大部分的油气还未得到开发，基础设施老化，缅甸几个新的近海油气田的发现以及未来对基础设施投资的改善，2040 年其天然气产量将有望增加到 250 亿立方米；泰国天然气产量将面临持续下降的趋势，2040 年预计产量下降到 180 亿立方米，只有 2016 年的 60%，泰国将成为东盟重

[①] World Energy Outlook. Southeast Asia Energy outlook 2017. International Energy Agency ［R］. Paris, France，2017：73-81.

要的天然气进口国。

2016~2040年，东盟国家天然气需求年均增长率为2%，从1.41亿石油当量（1700亿立方米）增加到2.25亿石油当量（2690亿立方米），天然气需求量将继续高于供给量，净出口逐渐减少。预计到2025年，东盟将成为天然气净进口区域。对于进口液化天然气的需求，东盟国家加大浮式储存和终端再气化转置的基础设施建设。其中，电力部门和工业部门对天然气的需求持续增加，年均增长率分别为1.4%和4%，工业（尤其是轻工业部门）对天然气的需求量最大。2040年，工业所需天然气总量预计占该地区天然气总需求量的60%。印度尼西亚是东盟最大的天然气市场，2016~2040年天然气需求从440亿立方米增加到1000亿立方米，其中小企业燃气分销网络的扩展成为天然气需求增加的重要原因，其次是化学、石化工业以及肥料的发展都增加了天然气的需求。[1]

第三节 海洋交通运输业

一、航运船队

海洋航运是国际商品贸易的主要运输方式，受到世界经济和贸易发展状况的影响。根据联合国贸易与发展会议（United Nations Conference on Trade and Development，UNCTAD）的统计，2017年，依靠海洋运输的货物贸易量增长了2.8%。其中，集装箱货物运输量增加了4.5%，五大主要商品的货物运输量增加了5.4%，原油和油气产品的货运量分别增加了0.9%和2.0%。

目前，商船是海洋运输的主要载体。根据联合国贸易与发展会议（UNCTAD）统计，2000~2017年，全球注册商船载重吨位（Dead Weight Tonnage）均呈增长之势，但是供给大于需求导致产能过剩，因此，近六年来，全球商船增长率呈下降的趋势。2017年，全球共有93161支商业船队，注册商船载重吨位达到18.6亿千载重吨。其中，油轮、散货船、杂货船、集装箱船以及

----

① World Energy Outlook. Southeast Asia Energy outlook 2017. International Energy Agency [R]. Paris, France，2017：83-87.

其他船只的载重量分别占总载重量的 28.7%、42.8%、4.0%、13.2% 和 11.3%。在这个时期，东盟各国注册船舶吨位数从 1.8 万千载重吨上升至 17 万千载重吨，年平均增长率为 6.5%。2017 年，相对于全球商船的缓慢发展，东盟国家商船发展迅速，这主要是由于全球经济中心从西方向东方转移，同时近十几年东盟国家经济快速发展，区域内外贸易的不断增加所致。[①]

2017 年，东盟国家注册商业运输船载重量占世界总量的 9% 左右。其中，新加坡注册商业运输船为 1.24 亿千载重吨，世界排名第 5 位（占 6.07%）；印度尼西亚注册商业运输船为 2014 万载重吨，世界排名第 22 位（占 1.08%）；马来西亚注册商业运输船为 1006 万载重吨，世界排名第 23 位（占 0.55%）；越南、菲律宾及泰国世界排名依次为第 32 位（0.54%）、第 33 位（0.43%）和第 34 位（0.29%）。东盟商业船队主要以油轮、散货船、杂货船和集装箱船为主，油轮、散货船、集装箱船以及杂货船载重量分别占总载重量的 28.7%、34.7%、16.4% 和 6.4%（见表 4-3）。其中，新加坡油轮、货船和集装箱船分别各占 29%、40.5% 和 20.5%，新加坡船队注重集装箱船的发展，这与新加坡积极发展集装箱运输的政策相符合。

表 4-3　2017 年东盟注册船舶吨位及种类　　　　单位：千载重吨

国家/地区	总共	游轮	散货船	杂货船	集装箱船	其他	世界排名
文莱	550	1	0	11	0	538	–
柬埔寨	930	66	0	752	19	93	–
印度尼西亚	20144	6002	3214	3821	1979	5128	22
老挝	2	0	0	2	0	0	–
马来西亚	10059	3413	584	291	334	5436	23
缅甸	278	6	18	152	0	102	–
菲律宾	6135	325	3524	1293	289	704	33
新加坡	124238	36041	50397	1653	25530	10617	5
泰国	5375	3103	1036	388	274	574	34
越南	7991	1447	2130	2948	345	1121	32
东盟	175701	50404	60903	11311	28771	24313	

资料来源：根据 UNCTAD stat（Maritime Transport）数据库、UNCTAD Review of Maritime Transport（2017）整理。

---

① 杨程玲. 东盟海上互联互通及其与中国的合作——以 21 世纪海上丝绸之路为背景 [J]. 太平洋学报，2016，24（4）：73-80.

二、港口集装箱吞吐量

随着集装箱运输在全球海运市场中所占的比重越来越大，世界主要贸易港中集装箱业务的作用也逐渐提升。东盟国家集装箱船延续前几年的趋势，持续增加。2016年，东盟国家集装箱船舶数达4815艘，载重量占世界商船队载重总量的比例为16.4%，成为国际贸易货物运输的主要工具。世界港口集装箱吞吐量将近7亿标准箱。其中，亚洲港口集装箱吞吐量占世界总量的64%，东盟国家集装箱运输吞吐量则占13.4%。根据联合国贸易与发展会议（UNCTAD）2017年的统计，1975~2016年，东盟国家港口集装箱吞吐量从40万标准箱增加至94476万标准箱。1975~2005年，东盟国家占世界集装箱吞吐量从2.3%上升至23.3%；之后，东盟国家港口集装箱吞吐量占世界份额有所回落。2016年，新加坡集装箱吞吐量为31688万标准箱，占东盟国家总额的33.5%；其次是马来西亚和印度尼西亚，为24570万标准箱和12431万标准箱，分别占东盟国家集装箱吞吐总量的26%和13.1%，三个国家的集装箱吞吐量占东盟总量的72.6%（见表4-4）。2013年，九个国家集装箱吞吐量在世界的排名依次为新加坡（第2位）、马来西亚（第5位）、印度尼西亚（第9位）、越南（第11位）、泰国（第15位）、菲律宾（第17位）、柬埔寨（第69位）、缅甸（第70位）和文莱（第79位）。

表4-4　2010~2016年东盟国家集装箱港口吞吐量　　　单位：万标准箱

年份 国家	2010	2011	2012	2013	2014	2015	2016
文莱	99	105	113	123	128	128	124
柬埔寨	224	237	255	275	424	474	482
印度尼西亚	8483	8966	9639	10790	11636	12031	12431
马来西亚	18267	20139	20898	21427	22367	24012	24570
缅甸	199	201	216	233	716	827	1026
菲律宾	4947	5289	5686	5860	6176	7210	7421
新加坡	29179	30727	32498	33516	34688	31710	31688
泰国	6649	7171	7469	7702	8119	8359	8239
越南	5984	6929	2937	8121	8149	8841	8495

资料来源：根据UNCTAD stat2017（Maritime Transport）的数据编制。

从港口吞吐量排名来看，2015 年东盟国家有 9 个港口进入世界前 100 名。其中，新加坡以 3092 万标准箱的吞吐量位列世界第二位，但 2015 年新加坡港口吞吐量减少 8.7%，这是自 2009 年以来首次下降；马来西亚最繁忙的港口——巴生港的集装箱吞吐量上升 8.6%，马来西亚第三大港口丹绒佩拉港正计划至少投资 21 亿美元以扩大港口在未来 5~15 年的产能；泰国两个集装箱港口林查班港和曼谷港分别以吞吐量 678 万吨和 155 万吨，进入世界百强的第 21 位和 96 位。泰国港务局负责林查班港自然深水设施的开发，私人码头运营商已获得特许权管理个人码头业务；越南的集装箱码头受益于该国的制造业和出口业务，整体集装箱吞吐量上升 16%；由于货物和商品需求下降，印度尼西亚最繁忙的港口丹戎不碌港货物吞吐量的世界排位下降 4 位，居全球第 26 位。印度尼西亚第二大港丹戎霹雳港，位列第 46 位；菲律宾马尼拉港列全球第 36 位，集装箱吞吐量在 2015 年上升了 4.3%，这也得益于菲律宾政府加大投资基础设施的力度。①

三、海洋船舶制造

世界各国海洋船舶的修造、买卖、租赁、经营等构成了全球船舶市场，船舶制造业为海运提供动力，而海运的繁荣也促进了船舶制造业在船舶总量、船舶技术以及船舶规模上的市场需求。目前，世界船舶制造业是航运的支柱产业，航运是船舶制造的消费市场，两者相辅相成。近年来，世界造船业以平均 7%~8% 的增速快速发展，几乎是世界贸易增速的两倍。据统计，2015 年有超过 600 艘新船在东盟船厂建造，建造量超过 480 万吨。从新船订单类型来看，集装箱船占 37%、散货船占 7%、油船占 9%、杂货船占 5%、海工船占 4%。

从 2014~2016 年世界各大造船国的造船订单量看，2016 年，世界船舶造船货运量超过 6625 万载重吨，日本、韩国以及中国是世界三大造船厂，占据超过全球市场份额的 90%。在东盟国家中，菲律宾和越南的造船业发展较快且造船规模较大，菲律宾造船订单量位居中国、韩国和日本之后。印度尼西亚、马来西亚及泰国等国家尚不具规模，仅建造一些吨位较小的船舶（见表 4-5）。新加坡的造船业主要瞄准海洋工程和高端船市场，在国际市场对海洋工程设备需求

---

① Lloyd's List. Top 100 Container Ports 2016 ［EB/OL］. http://www.worldshipping.org/about-the-industry/global-trade/ports.

强劲的情况下，新加坡船厂从传统的油轮维修向海洋工程建造领域发展。近年来，随着中国、日本、韩国三个国家的劳动力成本上升，菲律宾、越南等东盟国家的优势将进一步凸显。日本、韩国利用东盟国家低廉的劳动力成本优势，近年来扩大海外造船规模，并在东盟国家的船厂建造超大型集装箱船和成品油船，以提高经营业绩。

表4-5　2014~2016 年世界主要国家造船订单量　　　　单位：吨

国家 ＼ 年份	2014	2015	2016	占比（%）
韩国	21871925	23798845	25265934	38.13
中国	22851302	25007518	22178672	33.47
日本	13392130	12794220	13348773	20.15
菲律宾	186658	1846418	1168357	1.76
越南	335862	552373	419189	0.63
新加坡	79834	46830	59530	0.09
印度尼西亚	66941	91709	51439	0.08
马来西亚	57513	51822	29117	0.04
泰国	1236	1503	229	*
世界	63662235	67413017	66256634	100

资料来源：根据 UNCTAD stat （ Maritime Transport ） 2017 的数据编制。

四、海运业的发展潜力分析

联合国贸易与发展会议使用班轮联通指数来衡量各国与全球海运网络的联通程度，以船舶数量、集装箱运力、公司数量、所提供服务的数量和提供来往于各国海港服务的最大船舶的规模来计算该指数。从联通指数来看，东盟国家除了新加坡和马来西亚，其他国家的全球海运网络覆盖范围较小，国际通航能力较差。

根据 2017 年班轮联通指数的数据，新加坡以115.07位列东盟首位，其次是马来西亚（该指数为 98.08），两国较高的联通指数归因于它们拥有世界顶级的班轮运输公司，如马来西亚有马士基进驻，新加坡有东方海皇。第三位越南的班轮联通指数是 60.47，近年越南放开海运管理，积极引进外来资本投资港口和码头，如和记黄埔入驻。班轮联通指数居后的国家是泰国（41.05）、印度尼西亚（40.85）、菲律宾（24.97）、柬埔寨（7.98）以及文莱（6.58）。①

现阶段，东盟国家（除了新加坡）的港口设施发展相对滞后，港口的容量、性能以及所提供的服务跟不上货物运输和生产系统的顺利流通，港口设施质量不同程度地影响地区的贸易和经济的流通性。②2000 年，东盟海运工作小组会议指定 47 个港口，将其建成东盟海上运输网络的重要港口。其中，文莱 1 个、柬埔寨 2 个、印度尼西亚 14 个、马来西亚 10 个、缅甸 3 个、菲律宾 8 个、新加坡 1 个、泰国 3 个以及越南 4 个。近年来，东盟国家致力于搭建港口间合作平台，未来将建立区域单一的航运市场。

第四节　滨海旅游业

一、东盟国家旅游业迅速发展

近 10 多年来，东盟国家的旅游业迅速发展，国际旅游人数稳步上升。据统计，2000~2015 年，到东盟国家的国际游客从 3613.2 万人次增至 10894.5 万人次。③根据东盟 2009 年的数据，2020 年，东盟国家接待的国际游客人数预计将达到 1.23 亿，2025 年将达到 1.52 亿，2030 年将超过 1.87 亿。④

从东盟各国接待的国际游客人数看，泰国国际游客人数迅速上升。2015 年，泰国超过马来西亚成为东盟国家最大的旅游目的地，其接待的国际游客为 2988 万人次，占东盟国家接待国际游客总人数的 27.4%；马来西亚和新加坡分别列第 2 位和第 3 位，接待的国际游客为 2572 万人次和 1523 万人次，分别占

①　UNCTADstat. Maritime Transport［EB/OL］. http：//unctadstat. unctad. org/wds/ReportFolders/report-Folders. aspx? sCS_ChosenLang＝en，2017.

②　World Economic Forum. The Global Competitiveness Report 2017-2018［R］. www. weforum. org/gcr.

③　World Tourism Organization. International tourism，number of arrivals［DB/OL］. http：//data. world-bank. org/indicator.

④　ASEAN Tourism Strategic Plan 2010-2015［R］. 2009. www. asean. org.

东盟总数的 23.6% 和 14%。近年来，马来西亚、新加坡和泰国三大目的地的份额有所下降，从 2010 年的 70.71% 下降到 2015 年的 64.1%，主要是因为国际游客逐渐转向柬埔寨、缅甸和越南。印度尼西亚和越南接待的国际游客分别为 1041 万人次和 794 万人次，所占国际游客份额分别是 9.6% 和 7.3%。菲律宾、缅甸、老挝和柬埔寨的国际游客总数量占比大约为 4%。①

从国际游客的来源国看，2000 年以来，东盟区域内游客人数稳步上升，2015 年东盟区域内游客占东盟国家接待国际游客总数的 42.2%。在东盟区外，东盟国家接待的国际游客主要来自中国。据统计，2010~2015 年中国在东盟国家游客市场的份额从 7.3% 上升至 17.1%。其中，来自东盟区内的游客为 4599.2 万人次（占 42.2%）、中国为 1859.6 万人次（占 17.1%）、欧盟为 957 万人次（占 8.8%）、韩国为 583.9 万人次（占 5.4%）、日本为 470.3 万人次（占 4.3%）、澳大利亚为 419.1 万人次（占 3.8%）、美国为 338.2 万人次（占 3.1%）、印度为 330.8 万人次（占 3%）、中国台湾为 209.9 万人次（占 1.9%）、中国香港为 151.5 万人次（占 1.4%），上述十大游客市场占东盟国家总数的 91.1%。②

二、东盟国家旅游业的贡献

目前，东盟国家旅游业具有很大的拉动效用，已成为国民经济的重要产业部门。据统计，2015 年东盟国家的旅游业收入以及占 GDP 的比重分别为：柬埔寨为 24 亿美元（占 13.3%）、泰国为 339 亿美元（占 8.6%）、菲律宾为 235 亿美元（占 8%）、马来西亚为 139 亿美元（占 4.7%）、越南为 84 亿美元（占 4.4%）、新加坡为 117 亿美元（占 4%）、缅甸为 20 亿美元（占 3.2%）、印度尼西亚为 156 亿美元（占 1.8%）；各国直接从事旅游业人数以及占就业总数的比重分别为：柬埔寨为 102 万人（占 12%）、泰国为 220 万人（占 5.8%）、菲律宾为 210 万人（占 5.4%）、新加坡为 15 万人（占 4.9%）、马来西亚为 62 万人（占 4.5%）、越南为 184 万人（占 3.4%）、缅甸为 79 万人（占 2.8%）、印度尼西亚为 189 万人（占 1.6%）。以直接和间接与旅游相关的旅游经济估算，

①　ASEAN Tourism Strategic Plan 2016-2025 ［R］. 2015. www. asean. org.

②　ASEAN stats. ASEAN Tourism Dashboard. 2017 ［EB/OL］. https：//www. aseanstats. org/publication/tourism-dashboard/？ portfolioCats＝58.

各国旅游经济收入以及占 GDP 的比重分别为：柬埔寨为 55 亿美元（占30.6%）、泰国为 761 亿美元（占 19.3%）、菲律宾为 567 亿美元（占 19.4%）、马来西亚为 401 亿美元（占 13.5%）、新加坡为 278 亿美元（占 9.5%）、越南为 166 亿美元（占 8.7%）、缅甸为 43 亿美元（占 6.9%）、印度尼西亚为 531亿美元（占 6.2%）；各国旅游经济从业人数以及占就业总数的比重分别为：柬埔寨为 235 万人（占 27.5%）、菲律宾为 700 万人（占 17.9%）、泰国为 540 万人（占 14.2%）、马来西亚为 2572 万人（占 11.8%）、新加坡为 31 万人（占8.5%）、越南为 378 万人（占 7%）、缅甸为 168 万人（占 5.8%）、印度尼西亚为 654 万人（占 5.6%）。①

从国际游客旅游收入来看，2000~2015 年，东盟国家的国际游客收入从304 亿美元增加到 1151 亿美元。2000~2015 年，泰国的国际游客收入一直稳居首位，从 99 亿美元增加到 485 亿美元，2015 年的泰国国际游客收入占东盟总收入的 42%，马来西亚从 58 亿美元增加到 176 亿美元，新加坡从 51 亿美元增加到 165 亿美元，印度尼西亚从 49 亿美元增加到 120 亿美元，越南从 14 亿美元增加到 73 亿美元，菲律宾则从 23 亿美元增加到 64 亿美元，缅甸从 1.9 亿美元增加到 22 亿美元，柬埔寨从 3.4 亿美元增加到 34 亿美元，文莱基本保持在 1.5亿美元。②在东盟国家中，国际游客人均消费最高的是泰国，2015 年泰国的国际游客人均消费达到 1700 美元左右；其次是新加坡、菲律宾和印度尼西亚，分别为 1612 美元、1253 美元和 1225 美元；越南、马来西亚和柬埔寨均在 1000 美元以下，分别为 941 美元、823 美元和 715 美元。虽然马来西亚是东盟第二大旅游目的地，但其国际游客总收入不足泰国的一半，主要是因为泰国旅游产品的附加值最高，而马来西亚以资源型的消费为主，附加值较低。③

三、东盟国家旅游业的发展潜力

世界旅游竞争力指数（Travel and Tourism Competitiveness Index，TTCI）是由世界经济论坛（World Economic Forum，WEF）发布的，主要由有利的环

---

① The Comparative Economic Impact of Travel & Tourism 2016 ［R］. https：//www. wttc. org/research/e-conomic-research/economic-impact-analysis/.

② World Tourism Organization. International tourism, number of arrivals ［EB/OL］. http：// data. worldbank. org/indicator.

③ ASEAN Tourism Strategic Plan 2016-2025 ［R］. 2015. www. asean. org.

境、旅游政策和有利条件、基础设施条件、自然和文化资源四大指数体系构成。

2015 年，在全球旅游竞争力的世界排名中，新加坡、马来西亚、泰国、印度尼西亚、越南、菲律宾、老挝和柬埔寨分别列第 13、第 26、第 34、第 42、第 67、第 79、第 94 和第 101 位。近年来，印度尼西亚、越南和柬埔寨的排位持续上升。支撑东盟国家旅游竞争力的因素有价格优势、丰富自然资源和生物多样性。东盟旅游业高度依赖资源，但旅游环境可持续性不足。①

从优势因素来看，东盟国家非常注重旅游业的发展，政府在旅游政策和有利环境上的排名基本靠前，新加坡、印度尼西亚、菲律宾、马来西亚、泰国分别列世界第 1、第 9、第 17、第 24 与第 49 位；多数国家的旅游价格具有竞争力优势，印度尼西亚、越南、马来西亚、越南、菲律宾、泰国、柬埔寨和老挝分别列世界第 3、第 6、第 22、第 24、第 36、第 40、第 48 位；印度尼西亚和马来西亚旅游会展的吸引力分列世界的第 3、第 6 位；在旅游优先上，新加坡、印度尼西亚、菲律宾、柬埔寨、泰国、马来西亚和缅甸分别列世界第 4、第 15、第 27、第 37、第 40、第 50 和第 56 位；在自然与文化资源与人力资源上，东盟国家具有优势。从人力资源与劳动市场来看，新加坡、泰国、马来西亚、印度尼西亚、越南和菲律宾在世界的排名分别为第 3、第 29、第 30、第 53、第 55 和第 56 位；从自然与文化资源看，印度尼西亚、泰国、马来西亚、新加坡和菲律宾分别位居世界的第 17、第 21、第 24、第 40 和第 50 位。

从不利因素看，东盟多数国家的基础设施和环境的可持续性方面相对落后。缅甸、菲律宾以及泰国存在商业环境尚不健全、治安环境存在隐患等问题；柬埔寨、印度尼西亚、老挝、缅甸、菲律宾、泰国的卫生健康条件仍需改善；多数国家的航空设施、陆路交通设施和旅游服务设施发展相对滞后；大多数国家在文化资源与企业旅游上均不具有明显的竞争优势，特别是在环境的可持续性上，除了新加坡位列世界第 51 位，其他国家均在 100 位之后。

---

①　The Travel & Tourism competitiveness report 2017 ［R］. World Economic Forum. 2017：33 - 47 + 78 - 351.

本章小结

  本章阐述东盟国家主要的海洋产业的发展现状与前景，重点分析了各国海洋渔业、海上油气、海洋交通运输业和滨海旅游业的发展状况。首先，海洋渔业是东盟国家海洋产业的基础部门，并在世界海洋渔业中具有举足轻重的地位。各国的海洋渔业既满足了国民的基本需要和出口需求，同时为其他部门提供了重要的物质基础，还提供了大量的就业岗位。其次，东盟国家海上油气是全球能源市场的重要参与者。虽然近年来石油产量持续下降，主要产量来自印度尼西亚和马来西亚，但是东盟国家的天然气比石油丰富，是全球市场中关键天然气出口地区，同时也逐渐成为液化天然气进口商，液化天然气再气化和终端设置发挥了重要的作用。再次，东盟国家海洋交通业在外向型经济发展中具有战略地位。从产业关联来看，各国的海洋交通运输业的潜力巨大。最后，滨海旅游业是东盟国家海洋经济的优势产业部门。对各国经济具有巨大的拉动作用，旅游业形成的产业链带动附属产业的发展。目前，海洋渔业、海洋油气业、海洋交通运输业和滨海旅游业已成为东盟国家海洋经济中成熟的产业部门，这些海洋产业逐渐向蓝色产业转变，逐步实现海洋经济的可持续发展。

第五章 东盟国家海洋战略与政策

随着东盟国家海洋经济的迅速发展，各国积极制定海洋发展战略与政策。印度尼西亚、越南明确提出了海洋强国的战略，其他国家也相应地出台了海洋发展战略、海洋法以及相关的法规，设立了专门的海洋管理机构，并实施了相关的海洋产业政策。

第一节　海洋经济发展战略

一、印度尼西亚海洋强国战略

近年来，印度尼西亚海洋经济迅速发展，政府积极制定本国海洋经济发展战略与政策。2000 年，梅加瓦蒂政府成立海洋事业及渔业部，负责管理海洋经济的相关产业。2004 年，印度尼西亚政府公布了 2005~2025 年国家发展计划，明确提到必须重新认识海洋社会，发展海洋导向型经济，必须对海域实施管理保证其繁荣，以可持续的方式利用海洋资源，并建立整合型的海洋经济。2009 年，印度尼西亚发布了《2010~2014 年印度尼西亚中期发展计划》指出，要重点发展海运、海洋工业、渔业、滨海旅游业、海洋能源及矿业等海洋产业。2011 年 5 月，印度尼西亚政府提出了《2011~2025 年印度尼西亚经济发展总体规划》(*Masterplan Percepatan dan Perluasan Pembangunan Ekonomi Indonesia 2011 - 2025，MP3EI*)。此项规划依据印度尼西亚海岛国家的特点，将国家经济分为六大经济走廊，以港口和港口城市为基点，通过海上捷运，将印度尼西亚群岛东西连接起来。①

2014 年，印度尼西亚总统佐科提出了建设"海洋强国"的战略目标。②
2014 年 5 月，在印度尼西亚的电视竞选中，他提出要加强印度尼西亚的海洋安
全，拓展印度洋和太平洋地区的外交，通过增加本国海军的数量来提高印度尼
西亚在东亚的重要性，这也就是"全球海洋支点"战略。2014 年 10 月，在总
统就任致辞中，佐科再次重申把印度尼西亚建设成为"全球海洋支点"的愿
景。同年 11 月，在缅甸举行的第九届东亚峰会上，印度尼西亚总统佐科详细阐
述印度尼西亚"全球海洋支点"（Global Maritime Axis）战略（亦称海洋强国战
略），印度尼西亚的"全球海洋支点"包括五大支柱：①复兴海洋文化理念。
印度尼西亚作为一个群岛国家，海洋意识非常的重要，而未来的发展与民族的
繁荣与海洋的认同和开发不可分离。②管理好海洋资源，实现海洋的"粮食安
全"和主权。③通过发展海洋交通运输、港口建设和滨海旅游，消除东西部的
差异，实现群岛的互联互通。④在海洋外交方面，妥善处理领海争端、非法捕
捞和海盗、滨海主权、海洋环境保护以及加强与各国海洋安全合作。⑤在海洋
安全方面，加强海上防御力量，保护国家海权和海洋资源。③

2015 年，印度尼西亚政府发布的《2015～2019 年中期建设发展规划》
（*Rencana Pembangunan Jangka Menengah Nasional*，RPJMN）提出海洋交通设施
的便利化，计划投资 699 万亿印度尼西亚盾（约合 574 亿美元），实施"海上高
速公路"建设规划。为实现印度尼西亚主要岛屿间的互联互通，实施"海上高
速公路"计划，兴建各岛屿港口、陆上铁路、公路等设施，通过船只运输形成
海上交通网络，推动经济平衡发展，使印度尼西亚成为全球海上交通运输一大
枢纽。同时，印度尼西亚政府正在加快造船业发展步伐，计划在 2019 年前投资
兴建 100 家新型造船厂。④麦肯锡全球研究报告指出，印度尼西亚的海洋资源等
将推动印度尼西亚在 2030 年成为世界第七大经济体。⑤

---

① Masterplan: Acceleration and Expansion of Indonesia Economic Development ［R］. 2011-2025：31-
33.

② 杨程玲. 印度尼西亚海洋经济的发展及其与中国的合作 ［J］. 亚太经济, 2015 (2).

③ 王勤. 东南亚蓝皮书：东南亚发展报告（2015-2016） ［M］. 北京：社会科学文献出版社,
2016.

④ 吴崇伯. 印度尼西亚新总统佐科的海洋强国梦及其海洋经济发展战略试析 ［J］. 南洋问题研究,
2015（4）：11-19.

⑤ 印度尼西亚海洋产业发展潜力巨大 ［N］. 印度尼西亚《国际日报》, 2013-10-07.

二、越南海洋强国战略

自 20 世纪 80 年代中期以来，越南实施经济开放革新政策，开始重视海洋经济的发展。1990 年，越南国家科学技术委员会战略研究院编制了《海洋战略》（草案）。1993 年 5 月，越共七届中央发出了第 3 号《关于近期发展海洋经济的若干任务的决定》，提出了成为"海洋强国"的战略目标。

2007 年 1 月，越共十届四中全会讨论并通过了《2020 年越南海洋战略规划》，要求"要牢固捍卫国家海洋主权和权益，为国家保持稳定发展做出贡献"，并提出到 2020 年，越南的海洋经济生产总值占全国 GDP 的 53%～55%，出口额占总出口额的 55%～60%。越南海洋战略主要包括以下四个方面的内容：①重点开发优势行业。目前，优先发展的行业是油气开发与加工、滨海旅游、海运以及海产捕捞养殖等，将来要进一步研究开发地热、潮汐等海洋能源。②加强旨在发展海洋经济的基础设施建设。越南将沿海定位为 GDP 的重要增长极，要构建一条沿海高速公路，形成沿海城市带，将各个经济发展中心串联起来。③按区域划分来发展海洋经济。越南将把沿海地区划分为四个区域，每个地区都有不同的经济发展重点，并将设立新的开放式经济区和国际中转港等，以进一步扩大对外开放。④加强对海洋的管理。

2012 年 6 月，越南第十三届国民议会第三届会议通过了《越南海洋法》，并于 2013 年 1 月起正式生效。该法律规定了越南对基线、内水、领海、毗连区、专属经济区、大陆架、岛屿和群岛下的主权和管辖权。该法第 43 条提出，越南将大力发展海洋经济，并指出优先发展海洋经济的六大领域：①海洋油气及矿产资源的勘探、开采和加工业；②海洋运输、海港建设、船舶建造和维修、海上通信业；③海洋和海岛旅游及海岛经济开发；④海洋渔业和海产品加工业；⑤服务于海洋经济的科学技术研发；⑥大力培养发展海洋经济的科技人才。

三、东盟其他国家海洋经济发展战略

除了印度尼西亚和越南外，东盟其他国家相继提出了海洋经济发展战略与政策，新加坡和马来西亚极力打造海运大国，泰国的海洋发展战略侧重于滨海旅游与物流，菲律宾的全面海洋战略虽然制定得较早，注重经济与环境的同步发展，但是并没有全面执行（见表 5-1）。

表 5-1 东盟六国海洋相关的经济发展战略①

国家	海洋相关的经济发展战略
印度尼西亚	《海岸与海洋发展投资政策》（2007 年）、《国家中期发展计划（2010~2014）》、《印度尼西亚经济发展总体规划（2011~2025）》、《中期建设发展规划（2015~2019）》、《海岸带和小岛屿的管理与规划》（2008 年）、《国家海洋政策》（2014 年）
马来西亚	《工业战略规划（1986~1995）》（IMP1）、《工业战略规划（1996~2005）》（IMP2）、《工业战略规划（2006~2020）》IMP3）、《国家港口计划（EPU）》（1982 年）、《马来西亚促进海洋旅游规划》（2010 年）、《巴生港总体规划》（2010 年）、《造船/修理战略计划》（2011 年）
菲律宾	《菲律宾海洋政策》（1994 年）、《菲律宾 21 世纪议程》、《菲律宾中期计划（2004~2010）》、《菲律宾发展计划（2011~2016）》、《国家海岸带综合治理计划（2012~2016）》
泰国	《泰国中期计划（2012~2016）》、《二十年经济发展战略计划（2017~2036 年）》、《国家海岸和海洋资源战略》、《国家经济与社会发展规划（从 1997~2001 到 2012~2016）》
新加坡	《新加坡蓝色计划》（2009 年）、《可持续增长战略（2010~2030）》、《新加坡可持续发展蓝图》（2015 年）
越南	《越南海岸带综合管理战略》（2006 年）、《至 2020 年海洋战略规划》（2007 年）、《海洋资源综合管理和环境保护政策》（2009 年）、《越南海洋和沿海地区在泰国湾的社会经济发展总体规划》（2004 年）、《越南可持续性发展战略方向》（2004 年）、《越南海洋法》（2012 年）

资料来源：根据李景光主编. 国外海洋管理与执法体制，PEMEA. 2005. Framework for National Coastal and Marine Policy Development②；PEMSEA. 2015. Regional Review：Implementation of the Sustainable Development Strategy for the Seas of East Asia（SDS-SEA）2003-2015 编制③。

早在 1985 年，马来西亚国际贸易和工业部就制订了三个战略规划，分别是《1986~1995 年马来西亚工业战略规划》（*First Industrial Master Plan*，1986~1995）、《1996~2005 年马来西亚工业战略规划》（*Second Industrial Master Plan*，IMP2，1996~2005）和《2006~2020 年马来西亚工业战略规划》（*Third Industrial*

---

① 李景光. 国外海洋管理与执法体制 [M]. 北京：海洋出版社，2014.

② Framework for National Coastal and Marine Policy Development. PEMSEA Technical Report [R]. No. 14，2005：75. Global Environment Facility/United Nations Development Programme/International Maritime Organization Regional Programme on Building Partnerships in Environmental Management for the Seas of East Asia（PEMSEA），Quezon City，Philippines.

③ Regional Review：Implementation of the Sustainable Development Strategy for the Seas of East Asia（SDS-SEA）2003-2015 [R]. Partnerships in Environmental Management for the Seas of East Asia（PEMSEA），Quezon City，Philippines 2015：236.

Master Plan，2006 - 2020：*Malaysia，towards Global Competitiveness*：IMP3）。其中，IMP3 的主题是"马来西亚——全球竞争力"。该规划的目标是在全球贸易和投资环境的背景下，能够保持高水平的国际竞争力，将致力于打造现代、高效和安全的海事部门，使马来西亚成为一个成功的海洋国家。该规划确定造船、物流和旅游作为其中的战略性产业。该计划提出运输业对马来西亚工业发展做出了重大贡献，而海运部门则是重要的组成部分，包括造船、重型工程和船舶修理等活动。2020 年，该部门能生产 3 万吨载重量的船舶以及有能力维修 40 万吨载重量的船舶。

1994 年，菲律宾政府发布了《菲律宾国家海洋政策》，提出菲律宾海洋战略的基本原则和主要内容。该政策框架提出，在开发与利用海洋资源的同时，要注重海洋资源的可持续性发展。根据菲律宾是群岛国家的特点，强调海事及海洋部门对于国家发展的重要性。2000 年，菲律宾政府出台了《菲律宾 21 世纪议程》（*The Philippine Agenda* 21，PA 21），提出以生态系统为基础的岛屿综合开发战略。"2004 ~ 2010 年菲律宾中期计划"中，菲律宾提出六年内加快石油和天然气的勘探和开采，将陆运网络与岛内导航路线相连接，降低交通运输成本和交易成本，提高旅游的便利性。同时，通过开发 200 万公顷土地（包括内陆和近海水产养殖）创造了 6000 万个工作岗位，并将捕捞社区发展成为生产、加工和销售社区。《2011 ~ 2016 年菲律宾发展计划》强调，作为菲律宾经济发展的重要支撑，渔业和农业具有几乎相等的地位，明确提出未来 6 年渔业发展目标，制定实现渔业可持续发展的具体措施，加强对沿海和海洋资源的管理，保护生物多样性和生态系统。①

2016 年，泰国颁布了《二十年经济发展战略计划》（2017 ~ 2036 年），泰国总理巴育称，该发展战略是泰国 4.0 经济战略。以前的"泰国 1.0"是传统农业、"泰国 2.0"是轻工业、"泰国 3.0"是重工业，而"泰国 4.0"则是高附加值产业。泰国制定了十大目标产业，作为泰国未来经济发展的新引擎。其中，就有原有优势产业"高端旅游与医疗旅游"和未来产业"物流"。东部经济走廊（Eastern Economic Corridor）作为"泰国 4.0"的优势项目，未来将建设成为东盟海上交通中心，而东部定位则为高科技产业集群区，未来 5 年将投资 1.5 万亿泰铢，兴建 15 个重大项目，包括扩建乌塔堡机场和兰乍邦港，并将兰乍邦

① Regional Review：Implementation of the Sustainable Development Strategy for the Seas of East Asia（SDS-SEA）2003 - 2015 ［R］. ASEAN-secretariat，2015.

港打造成为世界 15 大港口之一。①

第二节　海洋法律法规与管理机制

一、东盟国家相关海洋法律法规

随着海洋在国家经济与社会发展中地位的提升，东盟国家出台了大量相关的海洋法律法规。东盟国家承诺以《联合国海洋法公约》为准则，维护海洋权益、发展海洋经济以及保护海洋环境。《联合国海洋法公约》是指 1982 年的决议条文，它对内水、领海、大陆架、专属经济区（Exclusive Economic Zone, EEZ）以及公海等重要概念做了界定。新加坡、马来西亚、印度尼西亚、泰国、越南、菲律宾以及缅甸采用联合国海洋法公约的时间均是 1982 年，修订时间分别为 1994 年、1996 年、1986 年、2011 年、1994 年、1984 年和 1996 年；柬埔寨采用的时间为 1983 年，至今没有修订；文莱采用和修订时间分别为 1984 年和 1996 年。②

在采用《联合国海洋法公约》前后，东盟国家制定了各种与海洋主权相关的法律和规定。关于临海主权的法律法规有：20 世纪 70~90 年代印度尼西亚、菲律宾和越南制定各类海洋区域和开展海洋活动有关的法规体系，如越南的《关于越南领海、毗连区、专属经济区和大陆架声明》（1974 年）、《关于越南领海基线的声明》（1982 年）、《国防队条令》（1997 年）和《海岸警卫队法》（1998 年）；印度尼西亚的《大陆架法》（1973 年）和《专属经济区法》（1983 年）；菲律宾的《菲律宾宪法》（1987 年）和《地方政府法》（1991 年）。

2011 以来，东盟国家先后颁布了若干海洋法。印度尼西亚于 2014 年 9 月通过了《海洋法》（第 32 号国家法令），基本内容涉及海洋资源使用、维护和保

---

① 巴育总理称泰国将进入 4.0 ［EB/OL］. http：//finance. sina. com. cn/roll/2016 - 08 - 17/doc - ifxuxnpy9812291. shtml，2016-08-17.

② 《联合国海洋法公约》采用与修订时间表 ［EB/OL］. http：//www. un. org/Depts/los/reference_files/status2010. pdf. 2013-01-17.

护，以及政策执行中的横向与纵向合作，它还制订了海洋空间规划，作为管理海岸和海洋空间的工具。泰国的《海洋和海岸资源管理促进法案》于 2015 年 6 月 24 日起生效。2015 年，菲律宾参议院提交了《综合海岸管理法案》，供参议院审查。2013 年 1 月 1 日，《越南海洋法》正式生效（见表 5-2）。

表 5-2　东盟六国海洋相关的法律和规定

国家	海洋相关的法律和规定
印度尼西亚	《大陆架法》（1973 年）、《专属经济区法》（1983 年）、《自然生物资源保护法》（1990 年）、《领海法》（1996 年）、《环境管理与保护法》（1997 年）、《渔业法》（2004 年）、《自治法》（2004 年）、《国土空间法》（2007 年，2014 年修订）《海岸带与岛屿管理法》（2005 年）、《沿海和海洋发展投资政策发案》（2005 年）、《关于航运任务的港务局管理质量提高法》（2009 年）、《沿海和海洋管理部门法》（2004 年）
马来西亚	《海运货物运输法》（1950 年）、《商船条例》（1952 年）、《港务局法令》（1963 年）、《环境质量修正条例》（1985 年）、渔业管理《渔业法规》（1985 年）、《港口（私有化）法令》（1990 年）
菲律宾	《菲律宾宪法》（1987 年）、《地方政府法》（1991 年）、《菲律宾渔业法》（1998 年）、《菲律宾领海基线法》（2009 年）、《海洋与海岸带综合管理法（第 533 号行政令）》（2006 年）、《海岸警卫队》（2009 年）
泰国	《海洋与海岸管理促进法案》（2015 年）
越南	《关于越南领海、毗连区、专属经济区和大陆架声明》（1977 年）、《关于越南领海基线的声明》（1982 年）、《油气法》（1993 年，2000 年修订）、《环境保护法》（1994 年，2005 修订）、《国防队条令》（1997 年）、《海岸警卫队法》（1998 年）、《国家边境法》（2003 年）、《渔业法》（2003 年）、《海洋资源综合管理与环境保护政府令》（2009 年）、《越南海洋法》（2012 年）
新加坡	《商船法》（2008 年）

　　资料来源：PEMEA. Framework for National Coastal and Marine Policy Development 2005；PEM-SEA. Regional Review：Implementation of the Sustainable Development Strategy for the Seas of East Asia（SDS-SEA）（2003-2015），2015；李景光. 国外海洋管理与执法体制，2014.

　　东盟国家针对特定的海洋产业，制定了相关的法律法规。1950 年，马来西亚制定了《海运货物运输法》、1952 年的《商船条例》、1963 年的《港务局法令》、1985 年的《渔业法规》以及 1990 年的《港口（私有化）法令》；印度尼西亚 2004 年的《渔业法》和 2009 年的《关于航运任务的港务局管理质量提高法》；1998 年菲律宾的《菲律宾渔业法》；1993 年越南的《油气法》（2000 年修订）；2008 年新加坡的《商船法》。

近年来，东盟国家注重海洋和海岸综合管理，制定和实施了一系列的法规，积极推动海洋综合管理。例如，马来西亚 2007 年发布、2014 年修订的《海岸带与岛屿管理法》，2004 年的《沿海和海洋管理部门法》；1985 年的《环境质量修正条例》；2015 年的《泰国海洋与海岸管理促进法案》；2009 年的《越南海洋资源综合管理与环境保护政府令》。

二、海洋管理机构

东盟国家均设置了专门的海洋管理机构，绝大多数国家对海洋管理采用的是高层协调和相对集中管理、政府各涉海部门分工负责、地方政府与民间积极参与的综合管理模式。[①]

第一，设立海上协调机构。1992 年联合国环境与发展大会通过的《21 世纪议程》指出，"每个沿海国家都应考虑建立，或在必要时加强适当的协调机制，在地方一级和国家一级上，对沿海和海洋区及其资源实施综合管理，实现可持续发展"。据 2006 年"海洋、海岸与岛屿全球会议"统计，约有 100 个沿海国制订了海洋综合管理计划，并实施了海洋综合管理。印度尼西亚、菲律宾及越南都设置了高层协调机构，分别是国家海洋委员会、海洋与海岛委员会以及国家海洋监控委员会。这种协调机制不仅协调管理部门之间、中央与地方之间、执法队伍之间，而且也协调管理部门与执法队伍之间的关系。例如，印度尼西亚国家海洋委员会的职能是对海洋政策方面的建议和意见进行评估，然后向总统提交报告；为统一整合海洋政策和处理涉海事务，与政府和非政府组织等保持密切磋商；督促检查和评价海洋政策与战略的实施情况以及完成总统交办的其他事宜。菲律宾的国家海岸监控系统是中央层面的部际间机制，任务是采用协调和连贯的方法处理海洋问题和开展维护海洋安全工作，强化国家对海洋的管理。越南海洋与海岛委员会的职能则是统一协调国家海洋事务和海洋战略、政策和规划的编制工作。

第二，建立相对集中的海洋管理部门。印度尼西亚的海洋与渔业部于 2000 年成立，负责海洋与渔业事业，管辖范围包括海洋、淡水以及自然资源，任务是管理、保护和合理、可持续地开发利用海洋及其资源。2000 年 11 月 23 日，印度尼西亚发布第 165 号总统令，规定了海洋与渔业部的使命、职能、组织架

---

① 李景光. 国外海洋管理与执法体制 [M]. 北京：海洋出版社，2014.

构及其在政府体制中的地位。越南于 2008 年宣布成立海洋与岛屿管理局，隶属于越南自然资源和环境部，负责就海洋与岛屿事务为越南自然资源与环境部提供咨询意见，协助部长处理海洋和岛屿事务，促进海洋与岛屿的综合和统一管理。菲律宾在环境与自然资源部设置沿海和海洋管理处，管理着沿海的 862 个直辖市，74 个城市和 72 个省。① 马来西亚交通运输部下设海事处（Marine Department Malaysia），其职责是管理与马来西亚水域内航运和港口有关的事项。在马来西亚海事处成立之前，分别由马来西亚半岛海事处、沙巴海事处和沙捞越海事处三个不同的独立部门组成。

第三，政府各涉海部门与地方政府的分工合作。东盟海洋管理体制中最普遍的管理方式，就是政府各涉海部门与地方政府的分工合作。印度尼西亚现行的海洋管理体制，主要由海洋渔业部，交通部、海关、矿产能源部及环境部等部门的纵向管理组成，辅以各省、地区政府的横向管理。其中，地方和省政府管理距离海岸 4 海里、4~12 海里的海域；马来西亚海洋管理主要由交通部、农业部、文化、艺术和旅游部、科技与创新部、自然资源与环境部、财政部、马来西亚海事研究中心、国内与国外事务部、马来西亚经济计划署等部门负责；菲律宾主要涉海部门包括环境与自然资源部、农业部、交通与通信部、能源部、海军、科技部、国会、地方政府，地方政府管理距岸 15 千米的海域；泰国主要涉海机构包括农业合作社、交通运输部、能源部、渔业部、自然资源与环境部（海洋与海岸资源局）；越南主要涉海机构包括农业与农村发展部、交通部、能源部、水利和水资源部、科技部、海岸警备队和沿海地方政府，各地方设置海洋与海岛厅。②

第四，建立民间涉海行业组织。这些民间涉海组织分布在各海洋产业、行业，如渔业就有很多的专业协会，海运业有船东协会，新加坡还有海洋产业协会。印度尼西亚的海洋合作论坛则是由国家政府、地方政府、大学、非政府组织、专业机构、主要社区以及相关行业的合作论坛，主要是针对 2007 年的《海岸带和岛屿管理相关法》设立的。

总的来说，这种综合管理体制有助于发挥国家对海洋宏观管理的需求和作用，同时权力下放到部级、地方甚至民间组织，有利于激发涉海行业的积极性。

---

① Romulo A. V., Raymundo J. T., Edward E. P., et al. Measuring the Contribution of the Maritime Sector to the Philippine Economy [J]. Tropical Coasts, 2009, 16 (1): 60.

② The Marine Economy in Times of Change [J]. Tropical Coasts, 2009, 16 (1).

但是，没有独立的管理机构，或是没有一个相对集中的管理仍存在不少问题。例如，马来西亚实行联邦制，涉海部级机构至少有 14 个，负责海洋的机构至少也有 26 个，会出现机构重叠和多头管理的矛盾。以港口和航运为例，在 10 个港口管理机构中，其中有 6 个联邦政府机构，4 个地方政府机构，海事部还负责管理全国 80 个小型港口，导致了港口规划和管理的不协调。①

三、海洋及海岸带的资源环境管理

东盟国家拥有漫长的海岸线，海洋资源十分丰富。近年来，东盟国家注重海洋资源环境的管理，并制定了相关的法律和规定，主要包括水质量管理、矿产与能源管理、海岸资源管理以及自然资源管理。②

在水质量管理方面，多数国家制定了防止水污染的规定，订立相关法律法规监控水质。2004 年，印度尼西亚发布了《海水质量标准的法令》；2008 年颁发了《水资源管理法》。2006 年，越南制定了《2020 年的国家水资源战略》。2006 年，菲律宾制定了《水资源管理计划框架》，针对饮水安全问题颁布了《菲律宾洁净水法》。2006 年，泰国制订了《国内废水收集及处理系统的计划》；2012 年制订了《水管理的行动计划》。

在矿产与能源管理方面，各国重视在油气开采和利用过程中的风险减控，印度尼西亚、越南和菲律宾分别制订了《针对溢油事故应急计划》（2006）、《溢油事故处理的行动计划》（2010）和《国家溢油应急计划》（2014）。除风险控制外，还颁布了相关的法令，使得油气资源对环境造成的危害进行管控。例如，印度尼西亚的《油污损害赔偿责任修正法案》（2005）、菲律宾的《石油污染赔偿法》（2007）以及越南的《政府许可的海洋空间区域的海洋资源利用与开发法令》（2014）。

在海岸资源管理方面，为了保护该地区的海洋和沿海生物资源，印度尼西亚、马来西亚和菲律宾组成了区域合作计划，提出了关于保护珊瑚礁、渔业和粮食安全的珊瑚三角倡议。2002 年，东盟国家环境部长通过了"东盟海洋遗产

---

① Saharuddin A. H. National Ocean Policy—new opportunities for Malaysian ocean development ［J］. Marine Policy, 2001, 25（6）：427-436.

② Regional Review：Implementation of the Sustainable Development Strategy for the Seas of East Asia（SDS-SEA）2003 - 2015 ［R］. Partnerships in Environmental Management for the Seas of East Asia（PEMSEA）, Quezon City, Philippines, 2015：236.

地标准"和"国家海洋保护区标准",对现有的和新的保护区进行指定和管理,其目的是减少对自然、生态或文化等高价值区域的威胁,以及促使资源自然再生。①在过去的十年间,该地区的海洋保护区的范围一直在增加。2007 年,海洋保护区总面积约为 87778 平方千米,比 1995 年增加了 56%。海洋保护区数量最多的国家是菲律宾,共有 339 个海洋保护区,拥有约 7000 个岛屿。②该地区最大的海洋保护区是珊瑚三角,印度尼西亚苏拉威西州的萨武海海洋国家公园,占地面积 3.5 万平方千米,拥有约 500 种珊瑚、14 种鲸和 336 种鱼类。③ 此外,东盟国家也通过支持可持续滨海旅游、加强海岸管理、减轻自然灾害风险等措施加强自然保护区资源管理。例如,印度尼西亚制定了《支持发展海洋旅游和加强国家海洋公园可持续性的管理和控制指示 (2005) 》《灾害管理法 (2007) 》等。④

在生态资源管理方面,东盟国家除了出台渔业法外,还制定了渔业管理法案,如印度尼西亚《关于延长渔船捕捞许可证的第 56 号法令》(2014)、《鱼类资源储量保护》(2007)、《渔业管理第 45/2009 号》(2009);越南的《2006~2010 年渔业部门的项目支持》、《2020 年渔业发展战略》(2010 年) 和泰国的《2009~2018 年海洋渔业管理战略计划》。同时,东盟国家海出台了保护生物多样性的法律法规,如印度尼西亚的《生物多样性基本法 (2008) 》、越南的《生物多样性法 (2008) 》、菲律宾的《海洋生态系统保护和管理法》(2006 年)、新加坡的《濒危物种法案》(2008 年)。此外,东盟国家非常重视物种入侵导致的生态环境变化,特别是通过压载水转移的入侵物种,如印度尼西亚颁布了《关于禁止转运的部长级第 57 号法令 (2014) 》。⑤

①　The Economics of Ecosystems and Biodiversity for Southeast Asia (ASEAN TEEB) Executive Summery 2012.

②　Fourth ASEAN State of the Environment Report 2009 [R]. Jakarta: ASEAN Secretariat, October 2009, Printed in Malaysia.

③　Luke Brander, Florian Eppink. The economics of Ecosystems and Biodiversity for Southeast Asia (ASEAN TEEB) [R]. Scoping study, 2015.

④⑤　Regional Review: Implementation of the Sustainable Development Strategy for the Seas of East Asia (SDS-SEA) 2003-2015 [R]. Partnerships in Environmental Management for the Seas of East Asia (PEMSEA), Quezon City, Philippines, 2015: 236.

第三节　海洋产业政策

一、海洋渔业

近年来，由于全球市场对鱼类产品的需求不断增长，以及捕捞技术的提高，导致东盟国家海洋渔业资源的过度开发。据估计，东盟国家海洋渔业储存量大约仅是十年前的 1/10，并以惊人的速度继续下降。虽然水产养殖发展较快，曾经被认为将弥补海洋捕捞渔业需求与供应之间日益增长的差距，但水产养殖也受到许多因素的限制，包括可用水、土地和饲料的限制。因此，为确保海洋渔业的可持续发展，东盟国家采取了一系列具体措施。[①]

（一）完善渔业管理体制

东盟国家都有独立的渔业管理部门，且有相关的法律提供政策性的保证。印度尼西亚海洋事务和渔业部（MMAF）包括七个部门，分别为秘书处、捕捞总局、监察处、水产养殖总局、海洋与小岛发展与研究开发署、产品加工和销售总局、渔业检疫与质量总局与渔业人力资源发展总局。2004 年，印度尼西亚颁布了《渔业法第 31 号》（经修正的第 45 号/2009 法律），其中规定海洋事务和渔业部与海军和海警共同执法；马来西亚渔业部包括发展和执行两大部门，其中发展规划部包括水产养殖发展司、渔业延伸司、渔业和海洋公园司、资源许可和管理司、规划和国际关系司、发展和法律事务司以及研究司，执行部包括行政和财务司、鱼类检疫和质量保证司、人力资源开发司、资源保护司、渔业信息管理司以及工程司；菲律宾渔业管理部门包括渔业和水产资源、环境和自然资源部（DENR）、渔业研究部门、渔业协调部门、农业部、国家测绘和资源信息管理局、菲律宾海岸警卫队、财政部及其海关协调离岸管理局，这些部门统一在菲律宾渔业代码（1998）和地方政府法规（1991）下对渔业进行管

---

① FAO Fishery and Aquaculture Country Profiles. Indonesia \ Mayasia \ Philippines \ Vietam \ Thailand 2017 ［EB/OL］.

理；泰国设立渔业部，其主要职能有渔业法律或法规的实施及运用、渔业研究与调查、使用法律管理与利用渔业资源、渔业产品研发、渔业技术的研发，国际渔业事务的管理、渔业信息系统的开发，以及处理由渔业部授权或由其内阁委托的其他工作。这些部门在泰国《渔业法》《水域鱼类管理法案》《野生动物保护法》与《国家环境质量提高与保护法》（1992）的框架下实施渔业管理；越南则由渔业资源保护部和地方37个分部门统筹管理，这些部门有行政署、金融投资局、科学技术局、人事劳资局、监察局、国际合作局、法律署、水产养殖局、渔业资源开发利用和保护的国家局以及国家渔业质量保证和兽医局。越南于2003年制定了《渔业法》，其中包括渔业资源的保护和发展、渔业操作、水产养殖、渔业活动的渔船和服务单位、鱼类和渔业产品的加工、销售、进出口贸易、渔业活动的国际合作、渔业活动的国家管理、奖励与制裁以及行政规定等。

（二）加强渔业贸易便利化以及国际合作

海洋渔业合作是东盟国家开展海洋区域和国际合作的重点，区域和国际合作可以获得渔业发展的资金、技术和经验，还可以获得捕捞、养殖场地准入许可，提高渔业管理的标准化和渔产品贸易的便利性。印度尼西亚主要参与了珊瑚礁管理和重建项目、珊瑚三角倡议以及孟加拉湾大海洋生态系。同时，加入欧盟的IUU认证，与区域渔业管理组织合作，共同管理高度洄游鱼种；马来西亚积极参与东盟渔业合作与发展管理，渔业部与东盟渔业开发中心（Southeast Asian Fisheries Development Center，SEAFDEC）展开了合作。马来西亚参与由联合国粮农组织（2009~2013年）主持的项目"孟加拉大海洋生态系统"，对海湾实行可持续管理。从澳大利亚、加拿大和挪威等国获得对水产养殖、海洋渔业、海洋捕捞渔业的监测和控制，以及在海洋公园管理中利用遥感技术对珊瑚礁进行评估；菲律宾通过参与两个项目获得外援，分别是美国国际开发署援助的菲律宾五年生态系统可持续渔业的改进项目与珊瑚三角倡议；泰国注重双边渔业合作，实现双边的渔场准入，该国渔船可以在孟加拉、柬埔寨、印度尼西亚、马达加斯加、马来西亚、缅甸和索马里海域作业。同时，泰国也参与多边渔业合作，其中包括亚太经合组织（APEC）；孟加拉海湾多领域经济技术合作倡议（The Bay of Bengal Initiative for Multi-Sectoral Technical and Economic Cooperation）；印度尼西亚、马来西亚和泰国的增长三角以及印度洋沿岸协会的区域合作。泰国加入了FAO、东盟渔业发展中心（SEAFDEC）、亚洲水产养殖中心网络（Network of Aquaculture Centerse in Asia）、国际食品法典委员会、欧盟委员会、德国技术合作公司（Deutsche Gesellschaft fur Technische Zusammenarbeit，GTZ）、日本国际合作机构（Japan International Cooperation Agency，JICA）、挪威发展署（Norwegian Agency for Development Cooperation）以及美国国际开发署等多边渔业技术合作；越南的渔业部门过去十年得到的双边或多边机构资助相对较少，该部门的官方发展援助资源有限。2006～2010 年，越南渔业部获得主要来自丹麦和北美，少部分来自日本国际合作机构、世界银行和湄公河委员会的援助，总额达到 7 亿美元，共支持 14 个重点项目。此外，丹麦投资越南渔业部门援助项目（SPS），包括海洋渔业、海产品加工以及水产养殖等行业。

（三）注重渔业的研发与人力资源培训

为加强海洋渔业的研发和人力资源培训，印度尼西亚设置海洋事务与渔业研发机构，属下有海洋水产研究所（雅加达）、内陆渔业研究所（Palembang）、淡水研究所（茂物）、淡水养殖技术研究所和海洋社会经济研究所。印度尼西亚海洋和渔业部设立人力资源开发署负责渔业教育、培训和推广；马来西亚最大的渔业研发地是马来西亚水产研究所，该研究所属下分支机构遍布全国，如淡水渔业研究中心（森美兰）、柔佛港研究中心以及砂拉越州水产研究所。马来西亚海洋渔业人才培养与培训机构有东盟渔业发展中心；菲律宾国家渔业研究机构是菲律宾渔业研究的重要力量，菲律宾国立大学的米沙鄢（University of the Philippines，Visayas）和海洋科学研究所（Marine Science Institute），马尼拉的海洋科学和渔业活动和州立大学设立的渔业研究所，吕宋国立大学（Central Luzon State University）和棉兰老岛州立大学（Mindanao State University）都是重要的渔业科研与人才培养基地；越南的渔业研究机构有海洋水产研究所（RIMF）、渔业经济规划研究所（Institute of Fisheries Economics and Planning）、水产养殖 1 号研究所（Research Institute For Aquaculture No.1）、水产养殖 2 号研究所（Research Institute For Aquaculture No.2）、水产养殖 3 号研究所（Research Institute For Aquaculture No.3）、渔业信息中心（河内）以及湄公河委员会，越南还设立了芽庄水产大学、水产养殖与渔业学院、河内农业大学、农业林业大学以及渔业技术学院等，提供海洋渔业人才培养的专业、学位和课程。

二、海洋油气业

东盟是石油净进口国，天然气净出口国。随着经济增长对能源需求的增加，各国能源自给率趋于下降，加快海洋油气资源的开发，调整与改革油气产业政策，成为东盟国家的迫切任务。[①]

（一）设置专属机构，国家统一管理

为了加快开发化石能源，东盟国家更多的是依靠政府的力量。印度尼西亚设立了能源与矿产资源部，下设电力和能源利用总局、石油和天然气总局、地质和矿产资源总局，印度尼西亚国有的油气企业包括印度尼西亚国有煤炭公司、印度尼西亚国有燃气公司（Perusahaan Gas Negara）、国有天然气公司、印度尼西亚国有能源公司（Perusahaan Listrik Negara）；马来西亚设立能源部，除了管理国家能源有限公司（Tenaga Nasional Berhad）外，还有马来西亚国家石油公司（Petroliam Nasional Bhd）负责化石能源的开发及利用；泰国能源部管理替代能源的开发和效率部（Department of Alternative Energy Development and Efficiency）、矿物燃料部（DMF）、能源政策和规划办公室（Energy Policy and Planning Office）及电力局；菲律宾能源部管理国家电力公司（National Power Corporation）、国家输电公司（National Transmission Corporation）、菲律宾国家石油公司（Philippine National Oil Company）、电力部门的资产负债管理公司（PSALM）和电力批发现货市场（Wholesale Electricity Spot Market）。

（二）不断完善油气法规

长期以来，东盟国家积极调整油气发展战略，并制定了相关的法律法规，促进了油气产业的发展。1960 年，印度尼西亚制定了《石油和天然气工业法》，引入竞争机制，从租让合同到工作合同，再到产量分成合同制和联合经营产量分成合同制。1979 年，马来西亚政府制定各种能源可持续发展政策，包括 1979 年的国家能源政策、1980 年的国家资源耗竭政策，以及 1981 年和 1999 年的燃料多样化政策。越南于 1970 年颁布了《油气法》，宣布可以授予石油开采权的地区；2000 年，越南对《油气法》进行了修改和补充。菲律宾于 1971 年建立

[①]　郑慕强，杨程玲 . 东盟能源可持续发展研究 ［M］. 北京：经济科学出版社，2016.

石油工业委员会（Oil Industry Commission），负责调节石油行业，并确保石油产品价格合理和货源充足。1961 年泰国政府颁布了石油开采条例，1971 年修订了《石油法案和所得税法》，这些法案规定了开采权和专利权。1977 年，泰国政府为应对石油危机，出台了《国家石油机构法》。

（三）加强油气行业基础设施建设

近年来，东盟国家加大了油气行业基础设施的投资，完善了天然气基础生产与输送设备的建设，以缓解各国能源短缺。新加坡是世界上炼油业和石油贸易的三大中心之一，日产量为 130 万桶。紧随其后的泰国和印度尼西亚的日产量分别为 120 万桶和 110 万桶。目前，东盟国家正在重点筹备建设的几个炼油项目，包括新加坡裕廊芳烃公司（Jurong Aromatics Corporation）已建成冷凝分离厂并投入使用，泰国、马来西亚和印度尼西亚正在建设一批规模较小的炼油厂，并在 2011 年前投入使用。① 目前，东盟国家建成并投入使用的天然气终端设备项目有 11 个（总产量为 5800 万吨/年），2 个正在筹备建设中（预计总产量为 600 万吨/年），到 2014 年总产量达到 6400 万吨/年。其中，1977 年印度尼西亚建成的 Dontang A-H Trains 项目，年产量是 2230 万吨，占现有东盟天然气总产量的 34.2%。印度尼西亚、菲律宾、新加坡和泰国正在筹建的液化天然气终端再气化项目共 6 个，产量达到 1380 万吨/年。东盟区域内天然气管道合作网是由东盟石油理事会（ASEAN Council on Petroleum）和东盟各国国家石油公司（National Oil Corporations）负责筹备建设的，其目的是确保东盟成员国天然气的供应，鼓励使用环境友好型燃料、降低区域对石油的使用和依赖以及吸引跨国公司投资以促进经济发展。

三、海洋运输业

（一）设置港口港务局，实现民营化管理

为了提高海运的效率和竞争力，多数东盟国家对港口和商船实施民营化管理。为提高港口经营的效率，更好地适应不断变化的航运环境，新加坡港分两步实现港口民营化。1996 年 2 月，新加坡成立了海运与港口管理局（Maritime

---

① World Energy Outlook （2009）［R］. 2010：535-618，Paris.

and Port Authority of Singapore），接管了原来由新加坡港务局行使的制定法律法规方面的职能。1997 年 10 月，新加坡国际港务集团（PSA International Pte Ltd，PSA）成立，PSA 接替从前的新加坡港务局管理和经营新加坡港的集装箱服务和其他海运服务，这家公司是由新加坡政府的投资公司淡马锡控股公司全资拥有的国有企业。马来西亚巴生港港务局是一家国有公司，该公司成立于 1963 年，并从马来西亚铁路管理局接管了巴生港。伴随马来西亚政府对政联企业的私有化改革进程，巴生港成为马来西亚私有化改革的第一个港口。1986 年，巴生港务局将集装箱服务设施转让给私有的北港公司（Kelang Container Terminal Berhad）经营。1992 年，巴生港务局将其他的港口服务设施和服务转让给私有的 Kelang Port Management Sdn Bdn 公司经营。2002 年，随着马来西亚北港公司（NMB）与巴生港管理公司（KPM）经营业务的整合，新的马来西亚北港公司代表 KMP 公司经营港口业务。泰国港务管理局（The Port Authority of Thailand，PAT）是泰国境内管理与监督国有和私人港口物流公司的主要机构，它是泰国政府运输和通信部门监督下自主管理的一个国有公司。2000 年 11 月，随着泰国港口局 1951 号法令的实施，PAT 正式注册成为有限责任公司，允许股份制经营，逐渐成为被国内外航运船队认可的港口服务公司，每年贡献的税收在国有企业中位居全国前十名。

（二）加强港口和航线的基础设施建设

近年来，东盟国家加大了对港口基础设施的投资和建设，新加坡增加了对丹戎巴葛（Tanjong Pagar）、布拉尼（Brani）、巴西班让（Pasir Panjang）、三巴旺（Sembawang）以及亚逸楂湾岛（Chawan）、布孔岛（Keppel Island）炼油厂码头的建设，完善 4 个集装箱码头和 54 个集装箱泊位的设施；马来西亚全国有50 多个港口，主要港口有巴生港（Kelang Port）、丹戎帕拉帕斯港（Tanjung Pelepas Port）、古晋港（Kuching Port）、马六甲（Melaka Port）和槟城港（Penang Port）等。马来西亚加快了马来西亚第一大港巴生港的建设，巴生港包括南港、北港和西港三个港口。同时，丹戎帕拉帕斯港已经成为马来西亚的第二大集装箱港口，丹戎帕拉帕斯港设有大面积的保税区，并且由管理港口的 Port of Tanjung Pelepas（PTP）公司来管理。泰国的主要港口有曼谷港（Bangkok Port）、林查班港（Laem Chabang Port）、普吉港（Phuket Port）和宋卡港（Songkhala Port）。其中，曼谷港和林查班港是最重要的港口，承担全国 95% 的出口和几乎全部进口商品的吞吐。

印度尼西亚和菲律宾均属于群岛国家，为提高航运系统的竞争力，两国较早将 ROPEX 的航运系统运用于短程距离的航线，随后扩展到中、远程航线。印度尼西亚和菲律宾的滚装船舶主要依靠收购日本的二手船舶，都面临着老化，容易发生事故。在航运管理上，印度尼西亚既有国家航运公司，也有私人航运公司，因而除了有商业航线还有补助航线；菲律宾只有私人航运公司，且没有航前的补贴。亚洲开发银行（2010）对菲律宾航海线路（RORO Shipping Routs）进行初步评估，结果表明该系统降低了运输成本，并且建立和拓展新的区域联系和区域市场，货物运输更高效，特别是针对海上航线贫困的区域，促进本地区经济发展，物流活动更频繁的交付与重组，提高了国内航运业的效率。①

（三）构建区域海洋运输网络，加强海上互联互通

为了加快区域航运市场开放，东盟继《1999～2004 年东盟运输合作框架计划》（1999 年）、《2005～2010 年东盟运输行动计划》（2004 年）后，2006 年首次发布《东盟区域海运一体化和竞争力提升路线图》，以促进东盟区域海上运输业的自由化。2011 年 5 月，东盟发布了《东盟互通互联总体规划》，首次提出互联互通，并将海上互动互通作为东盟互联互通的一项重要内容。② 该规划主要通过以下三个方面实现海上互联互通和提高海运的竞争力：加强 47 个指定港口的性能和容量，包括改善仓储服务和疏通水道；加强与世界和地区主干航线的联系，并研究建立东盟滚装网络的可行性；加强交通部门间合作，构建多式联运的交通运输体系。2011～2015 年东盟运输行动计划有关海运部门的主要目标，是建立一个综合、具有竞争力和无缝的海运网络，构建海上安全和环境友好型港口。③ 2016～2025 年海运的具体目标和行动除了延续东盟海上互联互通的原有计划外，还注意到了航运业要为旅游业服务的战略，提出了制定邮轮促进政策、发展邮轮旅游景点、改善邮轮基础设施以及推广邮轮旅游的计划。④

---

① The Master Plan and Feasibility Study on the Establishment of an Aseanroll - on/roll - off（RO - RO）ShippingNetwork and Short Sea Shipping Final Report Summary.

② 杨程玲. 东盟海上互联互通及其与中国的合作——以 21 世纪海上丝绸之路为背景 [J]. 太平洋学报, 2016, 24 (4): 73-80.

③ ASEAN Strategic Transport Plan （2011-2015）[R]. Jakarta: ASEAN Secretariat, December 2010.

④ ASEAN Transport Strategic Plan （2016-2025）[R]. Jakarta: ASEAN Secretariat, December 2015.

（四）注重生态环境保护，构建环境友好型海上交通

2009 年，东盟启动了《东盟国家港口可持续发展（SPD）》项目，这个项目由德国技术合作公司（GTZ）与东盟港口协会（APA）合作，旨在协助选定港口和码头，使之符合国际安全、健康和环境的相关法规和标准，提高安全和环境管理水平。[①]为了实现港口可持续发展，东盟港口协会采用港口安全、健康和环境管理系统，对港口业务进行管理。目前，东盟港口可持续发展项目仍处于初步发展的阶段，选定几个港口作为试点，参与的港口包括菲律宾的伊洛伊洛和卡加延德奥罗港、泰国的曼谷和林查班、柬埔寨的西哈努克和金边、越南的西贡港、印度尼西亚的丹戎普里奥克港和马来西亚的沙巴和柔佛港。根据SPD（2009-2015）的计划，六个港口依据国际标准进行管理，未来减少由港口活动而产生的 20%排放量，并减少 20%事故率。[②]

四、滨海旅游业

全球竞争力报告显示，东盟国家的自然和文化遗产是其主要竞争优势，其缺陷在基础设施和商业环境、监管框架和人力资源方面。为了提高旅游业的竞争力，东盟国家积极调整旅游发展战略与政策，颁布相关的法律法规、注重旅游管理部门的设置、完善多层次的旅游产品以及推动旅游产业部门的一体化。[③]

（一）政府主导，重视旅游业的发展

东盟各国政府非常注重旅游业的发展，把旅游业作为本国的重点产业，许多国家将旅游业列入国民经济发展总体规划，并对旅游业投入巨额资金。进入21 世纪以后，印度尼西亚政府实施多项政策刺激旅游业，修改落地签证规定，给予更多的国家免签政策；实施外国游客购物退税制度，自 2010 年 4 月 1 日

---

① Hector E. M. Workshop on Greener Ports in the ASEAN Region The East Asian Seas Congress 2009 "Partnerships at Work：Local Implementation and Good Practices" ［C］Manila, Philippines, 23－27 November 2009.

② Lawan O proceedings of the Special Workshop on Green Ports：Gateway to Blue Economy, The East Asian Seas Congress 2012 "Building a Blue Economy：Strategy, Opportunities and Partnerships in the Seas of East Asia" ［C］. Changwon City, Republic of Korea, 9－13 July 2012.

③ ASEAN Tourism Strategic Plan 2016-2025 ［R］. www. asean. org.

起，给予购物 500 万盾（约 500 美元）以上的外国游客退税 10%的待遇，游客只需出示护照、登记证和税单，便可在机场办理退税手续；为吸引欧洲客源，政府推动欧盟解除对印度尼西亚的禁飞限制。马来西亚政府在五年经济计划中都对发展旅游业提出了明确的发展目标和措施，国家旅游发展政策包括 1975 年的《马来西亚旅游发展计划》（Malaysia Tourism Development Plan）、1989 年的《国家旅游业发展指引》（Guidelines for National Tourism Development）、1990 年的《马来西亚旅游政策文件》（Malaysia Tourism Policy Document）、1992 年的《国家旅游政策研究》（National Tourism Policy Study）、2003 年的《国家旅游政策》（The Second National Tourism Policy）。越南出台了《至 2020 年和面向 2030 年越南旅游发展规划》，到 2030 年将吸引国际游客量为 1800 万人次，国内游客量为 7100 万人次，国际游客量年均增长率为 5.2%，国内游客量年均增长率为 4.1%，旅游业收入额达 708 万亿越盾（约合 352 亿美元）。泰国在《可持续旅游国家议程》中规定，政府制定预算实施可持续旅游发展规划，预算总额超过国际旅游收入的 2%。新加坡出台了一系列旨在推动旅游业长期可持续发展且便于实施的政策，在现行政策中最重要的项目有旅游发展援助计划、入境旅游营销双重扣税、当地贸易展览会双重扣税和旗舰店的投资津贴计划。

（二）颁布相关法律，设置管理部门

东盟国家相继颁布旅游法，成立专门机构，对各国旅游业进行统一管理。1993 年印度尼西亚颁布旅游法，越南于 2006 年颁布了旅游法，菲律宾则于 2009 年颁布了旅游法。另外，各国均设置了旅游业的管理机构。新加坡于 1964 年成立了旅游促进局；印度尼西亚旅游业由旅游局统一管理；泰国政府设立旅游管理委员会，分别由交通部、外交部、内务部、国家经济发展委员会、国家环境保护委员会、立法委员会的高级官员、泰国航空公司总裁、泰国旅游局局长以及其他工业部门的领袖担任。泰国为了能够管理好旅游，加强地方政府组织，一是明确规定地方相关政府部门的权力和责任，二是建立省级旅游开发促进委员会，并创建了一套旅游监控系统。

（三）完善多层次的旅游产品系列

为适应区域旅游市场的变化，东盟国家认识到必须加强旅游产品，使之更具互动性，以满足不断变化的消费者的需要。该地区面临的挑战是开发一套独特的旅游产品。表 5-3 显示了东盟各国开发的旅游产品，一共包括 20 项，分别是文化、自然、邮轮、海洋、居民、城市、食品、医疗旅游、节日庆典、冒险、游戏、创意、教育、会展、网络、购物中心、商业、手工艺品、体育旅游和朝圣旅游。[①]

表 5-3 东盟国家旅游产品主题

国家	1	2	3	4	5	6	7	8	9	10	11	12	13	14	15	16	17	18	19	20
文莱	√	√	√	√					√					√					√	
柬埔寨	√	√	√	√	√	√			√		√	√								
印度尼西亚	√	√	√	√		√			√		√			√						
马来西亚	√	√	√	√		√		√												
缅甸	√	√	√	√						√										√
菲律宾	√	√	√	√	√	√	√	√	√	√	√	√					√			
新加坡	√		√			√	√	√	√	√	√	√	√	√	√	√	√			
泰国	√	√				√	√	√	√		√	√	√	√	√	√	√			
越南	√	√	√	√	√		√													

注：1. 文化；2. 自然；3. 邮轮；4. 海洋；5. 居民；6. 城市；7. 食品；8. 医疗旅游；9. 节日庆典；10. 冒险；11. 游戏；12. 创意；13. 教育；14. 会展；15. 网络；16. 购物中心；17. 商业；18. 手工艺品；19. 体育旅游；20. 朝圣旅游。

资料来源：ASEAN Tourism Strategic Plan 2016-2025.

在本国资源和社会经济条件限制下，东盟国家的旅游产品开发各不相同。从旅游产品的数量来看，菲律宾为 14 项、新加坡为 13 项、泰国为 12 项、柬埔寨为 9 项、马来西亚为 6 项、文莱为 7 项、印度尼西亚为 8 项、缅甸和越南为 6 项；从旅游产品的潜力来看，除了新加坡缺乏自然资源外，东盟国家在文化、自然和邮轮都有相关的旅游产品，并成为最具潜力的产品；从产品的乘数效应来看，东盟国家旅游业容易产生较大的产出效应，特别是新加坡和泰国，拥有商业、购物中心等以服务为载体的产品。同时，为了推广这些旅游产品，东盟旅游协会（ASEAN Tourism Association）鼓励私营部门共同推动东盟旅游活动，东盟旅游营销工作组负责深入了解中国、日本、韩国、印度、美国、欧盟和俄罗斯等主要的市场特点，并通过展会、媒体、会议和出版等活动进行旅游产品的推广。

---

① ASEAN Tourism Strategic Plan 2010-2015 ［R］. www. asean. org. 2009.

（四）推动东盟区域旅游市场一体化，实现产业集群效应

东盟国家领导人认为，区域旅游一体化利于各成员国共享其丰富的旅游资源，实现产业的集群效应。2004 年，东盟国家制定了"区域一体化旅游协定"，并完成旅游部门全面融入东盟的路线图，即制定《东盟旅游部门一体化路线图》。为实现 2015 年东盟共同体的总体目标，东盟国家制订了《2011～2015 年东盟旅游战略计划》（ASEAN Tourism Strategic Plan，ATSP）。2015 年，东盟旅游部长在菲律宾发布了《2016～2025 年东盟旅游战略规划》，该战略描绘的是未来 10 年东盟旅游市场一体化的路线图。该战略规划推动东盟向单一的市场、单一目的地方向发展。不但有利于推动东盟共同体的建设，而且也有利于整合东盟区域内各国家的资源优势、人力优势以及资本优势，推动东盟互联互通，提高东盟区域竞争力。为此，东盟制定了包括吸引旅游业投资、丰富旅游产品、增强市场推广能力以及提高旅游业人力资源水平等七项措施。其中，为了实现未来十年东盟旅游的愿景，将开展东盟作为单一目的地的营销活动，实施东盟区域旅游标准，推动东盟成员国相互承认旅游专业人士（MRA-TP），采用创新方式进行旅游目的地和产品开发与营销。

本章小结

伴随着各国海洋经济的迅速发展，东盟国家积极制定和实施海洋发展战略与政策。在海洋发展战略方面，印度尼西亚、越南明确提出了海洋强国战略，其他国家也相应地出台了海洋发展战略；在海洋法律与管理机构方面，东盟国家纷纷出台了海洋法以及相关的法规，各国海洋管理机构的设置采用高层协调和相对集中管理、政府各涉海部门分工负责、地方政府与民间积极参与的综合管理模式；在主要海洋产业政策方面，东盟成员国制定了海洋渔业、海洋油气业、海洋运输业和滨海旅游业的部门行业规划，推动这些海洋支柱产业的发展。同时，东盟致力于促进区域海上互联互通，包括区域渔业合作、能源合作网络构建、海洋交通设施建设以及推广东盟旅游品牌等。

第六章 东盟海洋经济与宏观经济增长的关系研究

本章将采用单位根检验、平稳性检验和因果检验方法，基于海洋渔业、海洋油气业、海运业和滨海旅游业这四个主要海洋产业的数据通过标准化处理为海洋经济指数，国内生产总值标准化处理后为宏观经济指数，对海洋经济和经济增长进行相关性分析，在此基础上，实证检验海洋经济与经济增长之间的相互关系。

第一节 海洋经济增长与宏观经济增长相关性分析

一、数据说明

马来西亚学者 Hans-Dieter Evers（2010）发布了《东盟国家海洋潜力报告》，他参考 Organisation for Economic Co-operation and Development（OECD）、联合国世界银行的信息评估方法（KAM）以及人类发展指数（HDI），用三个指数来衡量东盟十国的海洋经济发展：海洋潜力指数（MPI）、海洋经济指数（MEI）和海洋成效指数（MAI 或 COI）。其中，海洋经济指数主要衡量一国的海洋经济发展状况，主要包括传统海洋产业，如渔业、船舶、交通运输、港口和其他相关经济活动；MEI 也由两个变量构成：集装箱周转量（TEU）和渔业产量（MT），分别占 0.5 的权重；海洋油气生产暂时未计算在内，具体公式如下：①

---

① Evers H. D., Measuring the maritime potential of nations. The CenPRIS ocean index, phase one (ASEAN) [J/OL]. MPRA Paper No. 31761, 2011, 3 (11).

$$MEI = \frac{TEU}{2} + \frac{MT}{2}$$

本书选取 1995~2015 年东盟六国（印度尼西亚、马来西亚、新加坡、菲律宾、泰国及越南）海洋经济与宏观经济的年度数据。其中，采用国内生产总值衡量东盟国家宏观经济的运行情况，数据由世界银行整理得到。此外，使用东盟国家主要海洋产业的经济活动衡量东盟国家海洋经济的发展情况。具体数据指标及来源如表 6-1 所示。

表 6-1　东盟六国海洋经济与宏观经济指标的数据来源

指标	二级指标（权重）	单位	数据来源	数据年份
海洋经济指数	渔业产量（0.25）	千公吨	FAO stat	1995~2015
	港口吞吐量（0.25）	标准箱	UNCTAD	
	油气产量（0.25）	千吨油气当量	IEA stat	
	国际游客入境人次（0.25）	人	World Bank	
宏观经济指数	GDP	美元	World Bank	

二、海洋经济指数

由于上述公式变量的单位各不相同，需要采用标准化数据才能得出有意义的计算结果。Hans-Dieter Evers（2011）采用以下计算公式，将所有变量的值转化：

$$I_{qc}^{t} = \frac{x_{qc}^{t} - \min_{c}(x_{q}^{t0})}{\max_{c}(x_{q}^{t0}) - \min_{c}(x_{q}^{t0})}$$

其中，$\max_{c}(x_{q}^{t0})$ 和 $\min_{c}(x_{q}^{t0})$ 分别是 x_{q}^{t0} 在 C 国家 t 时间的最小值和最大值，这是联合国人类发展指数（HDI）最普遍的指数计算方法，由此 I 的值在 0~1 分布。[①]

同样，从表 6-1 中可见，数据的单位各不相同，为了消除不同数量级及量纲对评价结果的影响，采用极差标准化的方法对数据进行标准化处理。标准化

---

① Evers H. D., Measuring the maritime potential of nations. The CenPRIS ocean index, phase one (ASEAN) [J/OL]. MPRA Paper No. 31761, 2011, 3 (11).

公式：

正向标准：$a_i = \dfrac{x_i - x_{min}}{x_{max} - x_{min}}$

逆向标准：$a_i = \dfrac{x_{max} - x_i}{x_{max} - x_{min}}$

其中，x_i 为某原始数据，x_{max} 为该指数数据中的最大值，x_{min} 为该指数数据中的最小值，a_i 为标准化后的数据。

经济增长与海洋经济发展是两个相对独立的体系，为了能够将两者的综合水平准确反映出来，根据各自的组成要素和特点，采用加权的方法来计算海洋经济指数。

海洋经济指数 $g(x) = \sum w_j \cdot a_j$

其中，w_j 为评价指标的权重；a_j 为各指标标准化后的数据。本书对四个产业的权重各取 0.25。为了在图表中清晰地表达这两个指标，下面分别用 GDP 和 GOP 作为宏观经济指数与海洋经济指数的缩写形式。

三、东盟六国海洋经济发展与经济增长关系拟合

（一）东盟六国海洋经济与宏观经济关系拟合

从图 6-1 中可以看出，东盟六国海洋经济的发展与宏观经济走势非常一致。此外，相关性分析显示，东盟六国海洋经济指数（ASEAN-GOP）与宏观经济指数（ASEAN-GDP）之间的相关系数高达 0.973，说明两者之间存在很强的正相关关系。1995~2015 年，两者相关性较高，且发展趋势呈逐年增长态势。

（二）东盟六国海洋经济与宏观经济关系拟合

从图 6-2 可见，菲律宾和马来西亚在海洋经济的发展与宏观经济拟合度较高，相关性分析结果显示，菲律宾和马来西亚在海洋经济指数与宏观经济指数的相关系数分别是 0.951 和 0.958，结果表明两者之间存在很强的正相关关系。越南和泰国在海洋经济的发展与宏观经济的走势较为一致，相关性分析结果显示，两者之间的相关系数分别是 0.938 和 0.947。新加坡和印度尼西亚的经济增

图 6-1　1995~2015 年东盟六国海洋经济指数与宏观经济指数变化

长呈直线趋势，但是海洋经济指数则出现很大的波动，且年均增长率较为平稳，相关性分析结果显示两国的相关系数分别是 0.647 和 0.722。

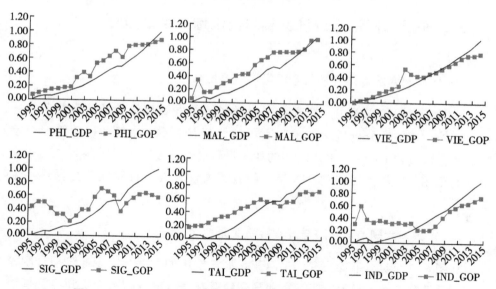

图 6-2　1995~2015 年东盟各国海洋经济指数和宏观经济指数变化

　注：PHI 为菲律宾；MAL 为马来西亚；VIE 为越南；SIG 为新加坡；TAI 为泰国；IND 为印度尼西亚。

综上所述，东盟国家海洋经济指数与经济增长指数两个变量之间存在正相关关系，但是仅仅依靠图表还不能判断海洋经济与宏观经济之间是否存在关系，下面将进一步对两者之间的关系进行检验。

第二节 东盟海洋经济发展与宏观经济增长的关系测度

一、单位根检验结果

在格兰杰因果关系检验之前，必须先分别检验海洋经济指数和宏观经济指数是否为平稳序列。本书选取单位根检验法（Augmented Dickey-Fuller，ADF），通过被检验序列的趋势图判断是否包含常数项或时间序列，单位根检验结果如表 6-2 所示。在 5% 的显著性水平下，东盟六国海洋经济指数和东盟六国宏观经济指数的 ADF 检验值都不能拒绝存在单位根的原假设。也就是说，原始数据是非平稳的，经过一阶差分之后，在 5% 的显著性水平下均不存在单位根，说明两个变量都是一阶单整。

表 6-2 东盟六国海洋经济指数和宏观经济指数单位根检验结果

变量	ADF Test Stastistic	Prob.	5% Critical Value	是否通过检验
ASEAN_GDP	−0.055712	0.9420	−3.020686	否
D（ASEAN_GDP）	−7.375217	0.0000	−3.02997	是
ASEAN_GOP	−0.334559	0.9030	−3.020686	否
D（ASEAN_GOP）	−5.486563	0.0003	−3.02997	是

注：D 表示变量一阶差分序列。

二、协整检验

对变量进行协整分析来判断变量之间是否存在长期稳定的关系，本书选取 Johansen 协整检验方法对海洋经济指数和宏观经济指数两者关系检验，结果如

表 6-3 所示。

表 6-3　东盟六国海洋经济指数和宏观经济指数的 Johansen 协整检验结果

Hypothesized No. of CE（s）	Eigenvalue	Trace Statistic	5% Critical Value	Prob. **
None	0. 591102	18. 95428	15. 49471	0. 0144
at most 1	0. 098147	1. 962772	3. 841466	0. 1612

注：** 表示在 1%水平下显著。

第一个假设的似然比统计量大于 5%的显著性水平下的临界值，表明海洋经济指数和宏观经济指数至少存在一个协整关系。第二个假设的似然比统计量小于 5%显著下水平的临界值，接受至多有一个协整方程的原假设。因此，海洋经济指数和宏观经济指数两者之间存在一个协整方程，具有长期稳定的关系。

三、因果关系检验

本节利用 EViews8. 0 软件对海洋经济指数和宏观经济指数两者之间的关系进行格兰杰因果关系检验，结果如表 6-4 所示。

表 6-4　东盟六国海洋经济指数和宏观经济指数格兰杰因果关系检验结果

Lags：1			
Null Hypothesis：	Obs	F-Statistic	Prob.
ASEAN_GOP does not Granger Cause ASEAN_GDP	20	3. 59235	0. 0752
ASEAN_GDP does not Granger Cause ASEAN_GOP		0. 21299	0. 6503
Lags：6			
Null Hypothesis：	Obs	F-Statistic	Prob.
ASEAN_GOP does not Granger Cause ASEAN_GDP	15	2. 05455	0. 363
ASEAN_GDP does not Granger Cause ASEAN_GOP		14. 2644	0. 067

从检验结果来看，在滞后期取到 1 阶时，在 10%的显著性水平下拒绝 ASEAN_GOP does not Granger Cause ASEAN_GDP；而当滞后期取到 6 阶时，在 10%的显著性水平下拒绝 ASEAN_GDP does not Granger Cause ASEAN_GOP。因此，结果证明了东盟国家海洋经济指数与宏观经济指数存在因果关系。

第三节　东盟国家海洋经济指数与宏观经济增长指数的关联机制

一、单位根检验

印度尼西亚、新加坡、泰国、菲律宾和马来西亚的单位根检验结果如表6-5所示，在5%的显著性水平下，这些国家的海洋经济指数和宏观经济指数的ADF检验值都不能拒绝存在单位根的原假设，原始变量是非平稳的。经过一阶差分之后，在5%的显著性水平下均不存在单位根，说明两个变量都是一阶单整的。

表6-5　东盟五国海洋经济指数和宏观经济指数的单位根检验结果

变量	ADF Test Stastistic	Prob.	5% Critical Value	是否通过检验
INDO_LGDP	-0.498897	0.8701	-3.040391	否
D（INDO_LGDP）	-9.702024	0	-3.052169	是
INDO_LGOP	-0.745795	0.8115	-3.02997	否
D（INDO_LGOP）	-5.115257	0.0007	-3.02997	是
PHI_LGDP	-1.433205	0.5443	-3.02997	否
D（PHI_LGDP）	-7.860373	0	-3.040391	是
PHI_LGOP	-2.26042	0.1932	-3.020686	否
D（PHI_LGOP）	-5.824179	0.0002	-3.02997	是
SIG_GDP	1.910228	0.9995	-3.020686	否
D（SIG_GDP）	-3.307242	0.0291	-3.02997	是
SIG_GOP	-1.478787	0.5233	-3.020686	否
D（SIG_GOP）	-3.468579	0.0211	-3.02997	是
TAL_GDP	1.671332	0.9991	-3.020686	否
D（TAL_GDP）	-3.245618	0.0329	-3.02997	是
TAL_GOP	-0.913318	0.7623	-3.020686	否

续表

变量	ADF Test Stastistic	Prob.	5% Critical Value	是否通过检验
D（TAL_GOP）	−4.551959	0.0022	−3.02997	是
MAL_GDP	2.762608	1	−3.020686	否
D（MAL_GDP）	−2.897024	0.0634	−2.650413*	是
MAL_GOP	−0.910737	0.7631	−3.020686	否
D（MAL_GOP）	−7.547508	0	−2.655294	是

注：D表示变量一阶差分序列，带*的为10%显著性水平下的临界值，INDO、PHI、SIG、TAI、MAL分别为印度尼西亚、菲律宾、新加坡、泰国和马来西亚的简称。

越南的单位根检验结果如表6-6所示，在5%的显著性水平下，越南海洋经济指数和宏观经济指数的ADF检验值都无法拒绝水平值，原始变量是非平稳的。对其进行一阶差分，D（VIE_GOP）和D（VIE_GDP）在5%的显著性水平下无法拒绝存在单位根的原假设。而对它们进行二阶差分后，海洋经济指数和宏观经济指数在5%的显著性水平下拒绝了存在单位根的原假设，说明两变量都是二阶单整。

表6-6　越南海洋经济指数和宏观经济指数的单位根检验结果

变量	ADF Test Stastistic	Prob.	5% Critical Value	是否通过检验
VIE_GDP	2.211595	0.9997	−3.065585	否
D（VIE_GDP）	0.136065	0.9589	−3.052169	否
DD（VIE_GDP）	−5.329932	0.0006	−3.052169	是
VIE_GOP	−0.707774	0.8229	−3.020686	否
D（VIE_GOP）	−1.955274	0.001	−3.02997	否
DD（VIE_GOP）	−6.971478	0	−3.040391	是

注：D表示变量一阶差分序列，DD表示二阶差分序列。

二、协整检验

下面采用Johansen协整检验方法来分析海洋经济指数和宏观经济指数两者之间的长期关系，结果如表6-7所示。印度尼西亚和菲律宾的第一个似然比统计量大于1%的显著性水平下的临界值，说明原假设被拒绝，表明海洋经济指数和宏观经济指数之间至少存在一个协整关系。印度尼西亚第二个假设的似然比统计量小于5%显著下水平的临界值，支持至多有一个协整方程的原假设。因此印度尼西亚海洋经济指数和宏观经济指数之间存在一个协整方程，具有长期稳定的关系。菲律宾的第二个假设在5%的显著性水平下被接受，说明菲律宾海洋经济指数和宏观经济指数之间存在一个以上的协整方程，也具有长期稳定的关系。

表 6-7　东盟各国海洋经济指数和宏观经济指数的 Johansen 协整检验结果

国家	Hypothesized No. of CE (s)	Eigenvalue	Trace Statistic	5% Critical Value	Prob. **
印度尼西亚	None*	0.812815	33.34508	25.87211	0.0049
	At most 1	0.162091	3.183217	12.51798	0.8541
马来西亚	None*	0.691334	26.32606	25.87211	0.0439
	At most 1	0.189486	3.991646	12.51798	0.7433
菲律宾	None*	0.636949	23.24961	15.49471	0.0028
	At most 1*	0.24303	5.011778	3.841466	0.0252
新加坡	None*	0.596094	22.9158	20.26184	0.0211
	At most 1	0.258828	5.690934	9.164546	0.216
泰国	None*	0.597552	17.30922	15.49471	0.0264
	At most 1	0.000822	0.015624	3.841466	0.9004
越南	None*	0.509379	17.01348	15.49471	0.0293
	At most 1	0.167534	3.483895	3.841466	0.062

注：*、** 分别表示在5%、10%水平下显著。

　　同理，马来西亚、泰国、越南和新加坡的第一个似然比统计量大于5%的显著性水平下的临界值，表明海洋经济指数和宏观经济指数至少存在一个协整关系。这四个国家的第二个假设的似然比统计量均小于5%显著性水平下的临界值，接受至多有一个协整方程的原假设。因此，这四个国家的海洋经济指数和宏观经济指数之间存在一个协整方程，具有长期稳定的关系。

三、因果关系检验

　　东盟各国海洋经济指数和宏观经济指数之间协整关系的确认说明了这两个

变量之间至少存在单向的格兰杰因果关系，然而，变量间因果关系的方向却无法确认，必须通过格兰杰因果检验来实现。下面利用 Eviews8.0 软件对两者关系进行格兰杰因果关系检验。

（一）印度尼西亚

表 6-8 给出了检验结果，滞后期取到一阶的时候，在 10% 的显著性水平下拒绝 INDO_LGDP does not Granger Cause INDO_LGOP。当滞后期取到第五阶时，在 5% 的显著性水平下拒绝 INDO_LGDP does not Granger Cause INDO_LGOP。因此，印度尼西亚的海洋经济指数与经济增长指数存在双向的因果关系。

表 6-8　印度尼西亚海洋经济指数和宏观经济指数的格兰杰因果关系检验结果

Lags：1			
Null Hypothesis：	Obs	F-Statistic	Prob.
INDO_LGOP does not Granger Cause INDO_LGDP	19	0.00205	0.9645
INDO_LGDP does not Granger Cause INDO_LGOP		5.17719	0.037
lags：5			
Null Hypothesis：	Obs	F-Statistic	Prob.
INDO_LGOP does not Granger Cause INDO_LGDP	15	6.00824	0.0535
INDO_LGDP does not Granger Cause INDO_LGOP		14.8636	0.0108

（二）马来西亚、菲律宾、泰国和越南

东盟的其他四个国家，从检验结果来看（见表 6-9），这四个国家在滞后期取到一阶。马来西亚和菲律宾均在 5% 的显著性水平下拒绝 GDP does not Granger Cause GOP，这也说明马来西亚和菲律宾的经济增长指数是海洋经济指数的格兰杰之因，但海洋经济指数不是经济增长指数的格兰杰之因。泰国和越南分别在 5% 和 1% 的显著性水平下拒绝 GOP does not Granger Cause GDP，说明泰国和越南的海洋经济指数是经济增长指数的格兰杰之因，但经济增长指数不是海洋经济指数的格兰杰之因。

表6-9 东盟四国海洋经济指数和宏观经济指数的格兰杰因果关系检验结果

Lags: 1			
Null Hypothesis:	Obs	F−Statistic	Prob.
MAL_GOP does not Granger Cause MAL_GDP	20	0.10982	0.7444
MAL_GDP does not Granger Cause MAL_GOP		6.26694	0.0228

Lags: 1			
Null Hypothesis:	Obs	F−Statistic	Prob.
PHI_LGOP does not Granger Cause PHI_LGDP	19	2.02691	0.1737
PHI_LGDP does not Granger Cause PHI_LGOP		7.94984	0.0123

Lags: 1			
Null Hypothesis:	Obs	F−Statistic	Prob.
TAI_GOP does not Granger Cause TAI_GDP	20	3.71084	0.0709
TAI_GDP does not Granger Cause TAI_GOP		0.19874	0.6614

Lags: 1			
Null Hypothesis:	Obs	F−Statistic	Prob.
VIE_GOP does not Granger Cause VIE_GDP	20	6.22619	0.0232
VIE_GDP does not Granger Cause VIE_GOP		2.52687	0.1303

(三) 新加坡

从新加坡的检验来看，不论滞后期取多少阶，均无法在显著性水平上拒绝 SIG_GOP does not Granger Cause SIG_GDP 或 SIG_GDP does not Granger Cause SIG_GOP，说明新加坡海洋经济与经济增长指数互不为对方的格兰杰之因，两者之间不存在因果关系。

本章小结

过去的20年，东盟六国海洋经济发展和经济增长具有较强的相关关系，两者之间的相关系数高达 0.973。因果关系检验显示，东盟六国的海洋经济指数与宏观经济指数存在双向因果关系。从国别来看，马来西亚和菲律宾具有从宏观经济指数到海洋经济指数的单向因果关系；泰国和越南均具有从海洋经济指数到宏观经济指数的单向因果关系；印度尼西亚则是存在从宏观经济指数到海洋经济指数的双向因果关系，新加坡则在宏观经济指数和海洋经济指数之间不存在任何因果关系。

第七章 东盟海洋经济与海洋资源环境的协调发展研究

一般来说，海洋经济的发展需要充分利用海洋的自然禀赋，而生态资源属于消耗性资源，如果在海洋开发利用过程中没有适当保护好资源环境，那么这些资源反过来就会限制海洋经济的发展。因此，本章将探讨东盟国家海洋经济与海洋资源环境的协调发展问题。

第一节 研究方法

一、指标设计及数据处理

红树林作为评价海洋资源环境的一个重要的指标由来已久，2015 年 FAO 发布了《全球森林评估》，评估的时间是 1980~2015 年，每五年评估一次，其中就将红树林作为评估指标。对于这个指标，出现了许多相关的评估报告，如《亚洲红树林评估报告（1980-2005）》，该报告汇集了所有亚洲国家关于红树林的研究成果，进而推算红树林的数量。2012 年发布的《东盟生物多样性报告》（The ASEAN TEEB）①，则以海洋保护区、珊瑚礁、红树林、森林保护区为例，评估东盟生态系统和生物多样性的经济价值。FAO 的另一份报告《绿色手册》（The Litter Green Book），则从 2012 年开始设立海洋这一类别，并从渔业产量、渔业捕捞量、海洋水产养殖产业、海洋保护区、珊瑚礁以及红树林六个方

---

① Brander L. , F. Eppink. The Economics of Ecosystems and Biodiversity in Southeast Asia（ASEAN TEEB）［R］. Scoping Study. ASEAN Centre for Biodiversity，2015.

面监控海洋资源环境的发展状况。

海洋环境资源的评价在短时期内是无法实现的，因此本章选取了从 1995 ~ 2015 年的红树林数据对东盟国家的海洋资源环境进行评价，且以 1995 年、2000 年、2005 年、2010 年和 2015 年为节点对其进行分析。[①] 海洋经济发展指标则采用第六章的海洋经济指标进行测量。同样，由于数据的单位各不相同，为了消除不同数量级及量纲对评价结果的影响，采用极差标准化的方法对数据进行标准化处理。由于数据收集的局限性，本章依然选取东盟六个国家（印度尼西亚、泰国、马来西亚、新加坡、菲律宾以及越南）加以分析。

二、协调度及协调发展度计算方法

有学者认为衡量一国经济与资源环境协调发展程度的重要指标可以使用海洋经济与海洋资源环境发展协调度，它的数值可以说明海洋经济与海洋资源环境组成的系统协调程度。本章采用廖重斌（1999）提出的协调度模型来计算海洋经济与海洋资源环境的协调度：[②]

$$C = \{ [f(x) \times g(x)] / [af(x) + bg(x)]^2 \}^k$$

其中，C 为协调度，C 越大表示协调性越好，反之则越差，C 的数值范围为 0 ~ 1。a 和 b 为权重，由于本书将海洋经济与海洋资源环境放在同等重要的位置，因此，a 和 b 取值各为 0.5；k 为调节系数，取值范围一般为 1 ~ 5，本书取 k = 3。协调度虽然能够表示海洋经济与海洋资源环境之间的协调关系，但是很难反映出海洋经济与海洋资源环境的高低。为了分辨出高低，本书采用协调发展度 D 来衡量海洋经济与海洋资源环境的协调发展水平，公式如下：

$$D = \sqrt{C \times G} \quad G = af(x) + bg(x)$$

其中，D 为协调发展水平，C 为协调度，G 为海洋经济与海洋资源环境发展水平。

---

① Ocean Health Index http：//www. oceanhealthindex. org/region-scores/key-findings [DB/OL].
② 廖重斌. 环境与经济协调发展的定量评判及其分类体系——以珠江三角洲城市群为例 [J]. 热带地理，1999，19（2）：171-177.

表 7-1　海洋资源环境与海洋经济协调发展度评判标准

D	0＜D≤0.2	0.2＜D≤0.3	0.3＜D≤0.4	0.4＜D≤0.5	0.5＜D≤0.6	D＞0.6
表示含义	严重失调	中度失调	轻度失调	濒临失调	勉强失调	协调发展

资料来源：廖重斌（1999）。

第二节　东盟海洋经济指数与资源环境指数分析

一、海洋经济指数分析

近年来，东盟国家海洋经济发展迅速，海洋产业规模不断扩大，渔业、海上油气业、海运业和滨海旅游业等海洋产业已具备较强的竞争优势。然而，海洋资源环境的过度开发和利用却令人担忧，许多国家的海洋资源环境遭受不同程度的破坏。以红树林为例，其数量呈日益下降的趋势。根据上一章海洋经济指数的计算方法，得到东盟六国 1995～2015 年的海洋经济指数 g(x) 以及趋势变化图，如图 7-1 所示，东盟六国的海洋经济指数总体呈现快速上升的趋势，且是呈直线上升的趋势，2015 年出现最高值，其综合指数为 0.936，2015 年的年均综合指数是 2000 年的 5.5 倍。

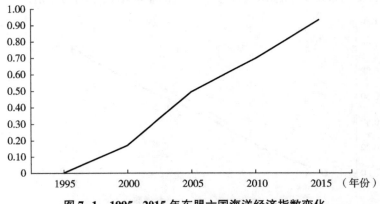

图 7-1　1995～2015 年东盟六国海洋经济指数变化

（一）东盟六国海洋经济发展变化趋势

从表7-2可知，1995~2015年东盟海洋经济发展均呈快速发展态势，但是发展极不平衡。其中海运业和滨海旅游业发展最为迅速，其年均增长率分别为8.1%和6.3%，渔业产量在越南、印度尼西亚和菲律宾这三个国家的驱动下年均增长率达到了5.2%。东盟油气产量的年均增长率达到了0.8%。自2000年以来，东盟国家的石油越来越依赖于进口，2005~2015年，东盟国家的油气呈负增长的趋势。

表7-2　1995~2015年东盟六国海洋经济增长变化　　　　单位：%

指标	1995~2000年	2000~2005年	2005~2010年	2010~2015年	1995~2015年
渔业产量	2.4	5.9	5.8	6.9	5.2
港口集装箱吞吐量	11.8	9.3	6.8	4.8	8.1
国际旅游入境人次	5.5	3.8	9.0	6.9	6.3
油气产量	1.2	2.8	-0.4	-0.6	0.8

（二）马来西亚和越南的海洋经济变化趋势

由图7-2可知，1995~2015年，马来西亚和越南的海洋经济指数呈直线上升趋势，最高值均出现在2015年，马来西亚为0.99，越南为1.00，分别是2000年的4.12倍和4.76倍。说明这两个国家海洋经济呈现快速发展趋势，1995~2015年马来西亚和越南海洋经济发展的年均增长率均为正值。

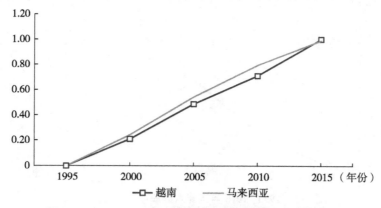

图7-2　1995~2015年马来西亚和越南海洋经济指数变化

表 7-3 给出了 1995～2015 年马来西亚和越南海洋经济具体产业的变化情况。从渔业产量来看，马来西亚渔业产量的年均增长率为 2.4%，虽然 2000～2005 年的年均增长率为负，但是 2005 年以后开始回升。越南渔业 1995～2015 年的年均增长率高达 7.5%，且在 2000～2005 年的年均增长率达到最高值，为 11.6%。马来西亚和越南两个国家的海运业发展迅速，1995～2015 年的年均增长率分别为 13% 和 15.6%，两个国家在 2000～2005 年发展速度均达到最大值，随后开始回落。马来西亚和越南的滨海旅游业，1995～2015 年的年均增长率分别为 6.4% 和 9.3%。马来西亚和越南的油气业，在 2005～2010 年均呈下降趋势，越南的油气产量年均增长率为 -1.6%，马来西亚则为 -1.0%。

表 7-3　1995～2015 年马来西亚和越南海洋经济增长变化　　单位：%

国家	指标	1995～2000 年	2000～2005 年	2005～2010 年	2010～2015 年	1995～2015 年
马来西亚	渔业产量	3.1	-0.5	4.9	2.1	2.4
	港口集装箱吞吐量	17.2	21.1	8.6	5.7	13.0
	国际旅游入境人次	6.6	9.9	8.4	0.9	6.4
	油气产量	4.0	4.4	-1.6	1.4	2.0
越南	渔业产量	5.9	11.6	8.6	3.9	7.5
	港口集装箱吞吐量	19.6	19.5	15.2	8.5	15.6
	国际旅游入境人次	9.7	10.0	7.8	9.5	9.3
	油气产量	17.7	7.2	-1.0	2.0	6.2

（三）菲律宾和泰国的海洋经济变化趋势

由图 7-3 可知，1995～2015 年，菲律宾和泰国的海洋经济指数呈上升趋势，最高值均出现在 2015 年，菲律宾为 0.90，泰国则为 0.75，分别是 2000 年的 7.5 倍和 2.2 倍。菲律宾在 2000～2010 年的海洋经济年均增速非常快，泰国则比较平稳。

从表 7-4 可知，1995～2015 年菲律宾和泰国海洋经济发展的年均增长率均为正值，首先，从渔业产量来看，菲律宾渔业产量的年均增长率为 2.3%，在 1995～2010 年的年均增长率均为正。2010～2015 年的渔业产量有所回落。泰国渔业在 1995～2015 年的年均增长率为 -1.6%，且 2005～2010 年的年均增长率低

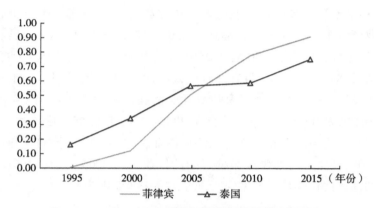

图 7-3　1995~2015 年菲律宾和泰国海洋经济指数变化

至-5.5%。1995~2015 年，菲律宾和泰国海运业的年均增长率均为 7.5%。在滨海旅游业方面，菲律宾和泰国在 2010~2015 年的年均增速达到最大值，分别为 5.7% 和 7.6%。在油气方面，菲律宾基数低，2000~2005 年的年均增速为 121.7%，随后与泰国油气发展类似，其增速逐渐减弱，另外，菲律宾 2010~2015 年的油气年均增长率为负值。

表 7-4　1995~2015 年菲律宾和泰国海洋经济增长变化　　　　单位：%

国家	指标	1995~2000 年	2000~2005 年	2005~2010 年	2010~2015 年	1995~2015 年
菲律宾	渔业产量	1.1	6.8	4.4	-2.7	2.3
	港口集装箱吞吐量	16.1	-0.1	7.2	7.2	7.5
	国际旅游入境人次	2.5	5.7	6.1	8.8	5.7
	油气产量	-13.3	121.7	3.0	-2.0	18.0
泰国	渔业产量	0.7	2.2	-5.5	-3.6	-1.6
	港口集装箱吞吐量	10.7	9.4	5.0	5.1	7.5
	国际旅游入境人次	6.5	3.9	6.7	13.4	7.6
	油气产量	12.7	5.8	6.0	1.5	6.4

（四）新加坡和印度尼西亚的海洋经济变化趋势

从图 7-4 可知，1995~2015 年，新加坡和印度尼西亚的海洋经济发展指数趋势变化波动较大。虽然两国的海洋经济指数总体呈现上升趋势，但是新加坡在1995~2000年以及2005~2010年，印度尼西亚在2000~2005年，均出现负增长。新加坡在2000年、印度尼西亚则在2005年达到最低值。两个国家的海洋经济指数最高值均出现在2015年，印度尼西亚为0.75，新加坡则为0.63。

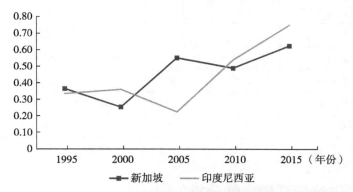

图7-4 1995~2015年新加坡和印度尼西亚海洋经济指数变化

从表7-5可知，1995~2015年新加坡和印度尼西亚海洋经济发展的年均增长率多为负值。新加坡海洋经济指数的负增长，主要是因为渔业和油气产业发展缓慢。印度尼西亚负增长则主要是由于滨海旅游和油气产业的负增长。从渔业产量来看，虽然新加坡渔业产量有所回升，但是之前的三个时期皆呈现负增长趋势。1995~2015年，新加坡的渔业产量年均增长率为-2.8%，在六个东盟国家中增长速度最低。近20年来，印度尼西亚的渔业产量不断上升，且增速不断提高，年均增长率高达8.4%，在六个国家中渔业产量增速最快。新加坡和印度尼西亚的海运业发展迅速，1995~2015年的年均增长率分别为5.5%和8.9%，新加坡海运增长速度在1995~2000年达到最大值，印度尼西亚的最高值则出现在1995~2000年。在滨海旅游业方面，新加坡和印度尼西亚在1995~2015年的年均增长率分别为4.7%和4.5%。两个国家的油气业在1995~2015年的年均增速均为负数，分别为-0.5%和-1.3%，这主要是由于新加坡的油气主要依靠进口，而印度尼西亚则从2004年退出了欧佩克组织。

表7-5　1995~2015年新加坡和印度尼西亚海洋经济增长变化　　　　单位：%

国家	指标	1995~2000年	2000~2005年	2005~2010年	2010~2015年	1995~2015年
新加坡	渔业产量	-6.1	-4.8	-7.8	8.2	-2.8
	港口集装箱吞吐量	9.6	6.3	4.7	1.7	5.5
	国际旅游入境人次	4.3	3.5	5.5	5.5	4.7
	油气产量	-4.0	8.3	-3.7	-2.2	-0.5
印度尼西亚	渔业产量	3.1	7.0	10.2	13.8	8.4
	港口集装箱吞吐量	12.0	7.9	7.4	8.3	8.9
	国际旅游入境人次	3.2	-26.4	44.9	8.2	4.5
	油气产量	-0.9	-2.2	0.7	-3.0	-1.3

二、海洋资源环境指数分析

基于对海洋资源环境指数的标准化处理后的计算，得到东盟国家1995~2015年的海洋资源环境指数 f(x)。如图7-5所示，东盟国家资源环境指数发展极不平衡，总体呈下降趋势。其中，仅2000~2005年呈上升趋势。

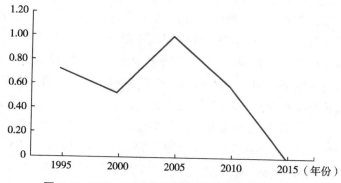

图7-5　1995~2015年东盟六国资源环境指数变化

（一）东盟六国海洋资源环境变化趋势

表7-6给出了东盟国家红树林总量在各个时期的变化情况。可见，1995~2015年的变化率为-0.9%；除2000~2005年的年均增长率为1.2%之外，1995~

2000 年、2005~2010 年以及 2010~2015 年三段时间的年均变化率越来越大，分别为-0.9%、-1.8%和-2.8%。

表 7-6　1995~2015 年东盟六国资源环境发展变化　　　　单位：%

指标	1995~2000 年	2000~2005 年	2005~2010 年	2010~2015 年	1995~2015 年
东盟红树林	-0.9	1.2	-1.8	-2.8	-0.9

（二）马来西亚、泰国和印度尼西亚的海洋资源环境变化趋势

本章将相同变化趋势的国家分为一组进行比较，因此马来西亚、泰国和印度尼西亚为一组，菲律宾和越南为一组。另外，根据 FAO 给出的数据资料，新加坡的红树林数量在 1995~2015 年维持不变，因此无法得到其变化的趋势。

由图 7-6 可知，马来西亚、泰国和印度尼西亚在 1995~2015 年海洋资源环境指数总体是逐渐下降的，但是年均降低速度极不平衡。印度尼西亚 1995~2000 年的年均增长率为-1.5%，2000~2005 年的年均增长率为 2.4%。2005~2010 年以及 2010~2015 年的年均增长率为-4.6%，而 1995~2015 年的年均增长率为-1.9%。与印度尼西亚类似，马来西亚在 2000~2005 年呈上升趋势，增长率均为 0.6%。1995~2000 年、2000~2005 年以及 2010~2015 年的年均增长率分别为-4%、-0.6%和-0.3%。泰国在 1995~2000 年以及 2000~2005 年呈上升趋势，增长率分别为 4.1%和 1.6%，随后则呈下降趋势，增长率分别为-1.6%和-0.3%。

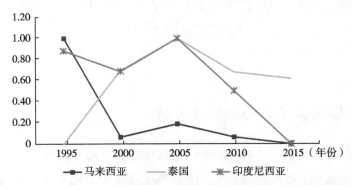

图 7-6　1995~2015 年马来西亚、泰国和印度尼西亚海洋资源指数变化

（三）菲律宾和越南的海洋资源环境变化趋势

由图 7-7 可知，菲律宾和越南在 1995～2015 年海洋资源环境指数均为上升。对比越南，菲律宾的海洋资源环境保护更加具有可持续性。根据 FAO 发布的森林资源评估报告的数据可知，菲律宾的海洋经济呈逐年上升的趋势，但其没有扩大红树林种植面积。越南在 1995～2005 年的海洋资源环境呈下降趋势，随后急速上升。因为在 2007 年越南大面积栽种红树林，致使红树林的数量快速上升。随后，越南政府也在海洋开发与利用的过程中，注重资源环境的保护，因此越南的红树林数量逐渐上升。

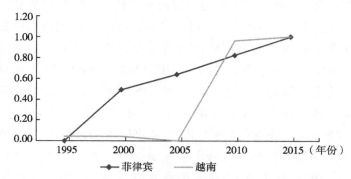

图 7-7　1995～2015 年菲律宾和越南海洋资源环境指数变化

第三节　东盟海洋经济与海洋资源环境
协调发展分析

一、东盟国家总体协调发展分析

据第二节的分析可知，东盟国家海洋经济与海洋资源环境在不同时期的协调度和协调发展水平是不同的。在经济和环境系统中，以下将从区域和国别分析东盟国家海洋经济与海洋资源环境的协调度。

根据第一节的公式，计算出 1995～2015 年东盟六国海洋资源环境与海洋经济发展协调度 C 和协调发展度 D。由表 7-7 可知，1995~2015 年，东盟六国海洋资源环境与海洋经济协调发展度为 0~0.793。其中 1995~2000 年由极度失调过渡到轻度失调，海洋资源环境与海洋经济协调性相对较差；2005~2010 年海洋资源环境与海洋经济处于协调发展阶段，而 2010 年以后则处于极度失调状态。

为了更详细地反映海洋资源环境与海洋经济的协调发展水平，同时也为了反映海洋经济与资源环境发展水平的高低，本章对协调发展度类型进行更详细的划分。其中，$f(x)-g(x)>0.1$ 时为经济受损型，$g(x)-f(x)>0.1$ 时为资源环境受损型，$0 \leq |f(x)-g(x)| \leq 0.1$ 时为资源环境/经济受损型（$D>0.5$ 时为资源环境/经济同步型）。由表 7-7 可见，1995 年东盟六国海洋资源环境与海洋经济协调发展类型为极度失调类的经济损益型，2000 年则属于轻度失调类的经济损益型，2005 年和 2010 年属于协调发展类，前者为经济滞后型，后者为资源滞后型，2015 年则属于极度失调类的资源损益型。

表 7-7　东盟六国海洋资源环境与海洋经济协调发展度评价结果

年份	1995	2000	2005	2010	2015
协调度 C	0.000	0.400	0.695	0.979	0.000
协调发展度 D	0.000	0.374	0.721	0.793	0.000
等级	极度失调衰退类	轻度失调衰退类	中度协调发展类	中度协调发展类	极度失调衰退类
$f(x)-g(x)$	0.727	0.359	0.505	-0.108	-0.936
类型	经济损益型	经济损益型	经济滞后型	资源滞后型	资源损益型

从经济与环境系统来看，现阶段东盟六国海洋经济发展较快，但是海洋资源环境问题突出，环境保护相对滞后，海洋经济与海洋资源环境处在失调状态中。近年来，虽然海洋经济发展迅速，海洋经济指数出现逐年上升的趋势，但海洋资源环境指数则表现为逐年下降的趋势。

二、泰国、菲律宾和越南海洋资源与海洋经济协调发展分析

总体看来，东盟国家的海洋资源环境与海洋经济的协调度不高，但各国的协调度有所差别，以下将协调发展度类似的国家分为一组进行比较。由表 7-8 可知，泰国、菲律宾和越南三个国家 1995~2015 年的协调发展度均为"失调到协调"。泰国 1995~2015 年的海洋资源与海洋经济协调发展度在 0~0.814 区间

变动，其中 1995~2000 年由极度失调衰退类过渡到轻度协调发展类，2000 年后基本处于协调发展状态，2015 年处于最佳状态。菲律宾 1995~2015 年海洋资源与海洋经济协调发展度在 0~0.972 区间变动，其中 1995~2000 年属于极度失调衰退类，2000~2005 年由中度失调衰退类过渡到中度协调发展类，随后处于协调发展类状态，2015 年的协调度达到最高值。越南 1995~2005 年均处于失调期，从 2005~2010 年才由中度失调衰退类向良好协调发展类过渡，2010~2015年则由良好协调发展类过渡到优质协调发展类。从海洋资源与海洋经济发展水平的高低来看，1995 年泰国为极度失调衰退类的环境损益型，2000 年、2005年和 2010 年属于协调发展类的经济滞后型，2015 年则处于良好协调发展类的资源滞后型。菲律宾的海洋经济发展水平较低，因此除了 1995 年属于极度失调衰退类的资源损益型外，其他时期皆属于经济损益型和经济滞后型。1995 年，越南属于极度失调衰退类的经济受损型、2000 年和 2005 年皆属于失调类的资源损益型、2010 年属于良好协调发展类的经济滞后型，2015 年达到最佳状态，海洋资源与海洋经济发展同步型。

表 7-8　泰国、菲律宾和越南海洋资源环境与海洋经济协调发展度评价结果

国家		1995 年	2000 年	2005 年	2010 年	2015 年
泰国	协调度 C	0.000	0.696	0.786	0.984	0.971
	协调发展度 D	0.000	0.600	0.784	0.788	0.814
	等级	极度失调衰退类	轻度协调发展类	中度协调发展类	中度协调发展类	良好协调发展类
	f(x)−g(x)	−0.162	0.349	0.435	0.091	−0.135
	类型	环境损益型	经济滞后型	经济滞后型	经济滞后型	资源滞后型
菲律宾	协调度 C	0.000	0.245	0.956	0.997	0.993
	协调发展度 D	0.000	0.275	0.741	0.893	0.972
	等级	极度失调衰退类	中度失调衰退类	中度协调发展类	良好协调发展类	优质协调发展类
	f(x)−g(x)	−0.004	0.377	0.140	0.048	0.095
	类型	资源损益型	经济受损型	经济滞后型	经济滞后型	经济滞后型
越南	协调度 C	0.000	0.182	0.310	0.934	1.000
	协调发展度 D	0.000	0.152	0.230	0.884	1.000
	等级	极度失调衰退类	极度失调衰退类	中度失调衰退类	良好协调发展类	优质协调发展类
	f(x)−g(x)	0.048	−0.167	−0.487	0.251	0.000
	类型	经济受损型	资源损益型	资源损益型	经济滞后型	资源/经济同步型

总体来说，这三个国家的海洋资源环境保护意识较强。其一，菲律宾是东盟国家中最早在海洋经济评估中把海洋生态资源纳入评价的国家，同时菲律宾还专门设立了资源环境部门，其目的是提高资源的管理与利用效率。然而，由于菲律宾的海洋经济发展相对缓慢，在一定程度上保护了海洋资源。其二，泰国和越南的海洋经济发展非常迅速，越南重视海洋经济的发展，其海洋资源环境问题也更为突出。2006 年，越南曾大面积地栽种红树林，以维护海岸和海洋的资源环境，并且也收到了不错的成效，使海洋经济与海洋资源环境处于协调发展的状态。其三，泰国的海洋产业附加值较高，如滨海旅游业，泰国已成为东盟最大的国际游客入境国家。因此，泰国未来的协调度将会得到一定提升。

三、马来西亚和印度尼西亚海洋资源与海洋经济协调发展分析

由表 7-9 可见，马来西亚和印度尼西亚的海洋资源与海洋经济协调发展度都较低。印度尼西亚在 1995~2015 年的海洋资源与海洋经济协调发展度在 0~0.72 区间变动，2010 年达到最高值，2015 年协调度最低。1995~2000 年由勉强协调发展类过渡到轻度协调发展类，2000~2005 年则从轻度协调发展类过渡到轻度失调衰退类，2005~2010 年从轻度失调衰退类向中度协调发展类过渡，2010~2015 年后从中度协调发展转向极度失调衰退类。另外，1995~2015 年，马来西亚海洋经济与海洋资源环境的协调度在 0~0.4 区间变动，过去的 20 多年间，其海洋资源环境与海洋经济一直处于失调的状态。

表 7-9　1995~2015 年印度尼西亚和马来西亚海洋资源环境与海洋经济协调发展度评价结果

国家		1995 年	2000 年	2005 年	2010 年	2015 年
印度尼西亚	协调度 C	0.513	0.744	0.218	0.995	0.000
	协调发展度 D	0.559	0.623	0.365	0.720	0.000
	等级	勉强协调发展类	轻度协调发展类	轻度失调衰退类	中度协调发展类	极度失调衰退类
	$f(x)-g(x)$	0.543	0.320	0.774	−0.041	−0.750
	类型	经济滞后型	经济滞后型	经济受损型	资源损益型	资源损益型

续表

国家		1995 年	2000 年	2005 年	2010 年	2015 年
马来西亚	协调度 C	0.000	0.273	0.439	0.019	0.000
	协调发展度 D	0.000	0.204	0.400	0.091	0.000
	等级	极度失调衰退类	中度失调衰退类	濒临失调衰退类	严重失调衰退类	极度失调衰退类
	$f(x)-g(x)$	1.000	−0.180	−0.357	−0.732	−0.989
	类型	经济损益型	资源损益型	资源损益型	资源损益型	资源损益型

从海洋经济和海洋资源环境发展的高低水平来看，两个国家皆从经济滞后或是经济损益型转向资源环境滞后型或是资源环境损益型。其中，1995 年、2000 年印度尼西亚分别属于勉强协调发展类的经济滞后型和轻度协调发展类的经济滞后型，2005 年属于轻度失调衰退类的经济受损型，2010 年和 2015 年分别属于中度协调发展类的资源损益型和极度失调衰退类的资源损益型。马来西亚除 1995 年属于极度失调衰退类的经济损益型外，其他时期皆属于失调衰退类的资源损益型。

总体来说，印度尼西亚自 2000 年以后设立了海洋与渔业局统筹管理海洋经济事务。随后，海洋经济发展快速，但是以出口为导向的印度尼西亚经济容易受到世界经济的影响，特别是受到金融危机的影响，海洋经济发展波动较大。同时，印度尼西亚的海洋产业的附加值较低，海洋资源与环境的开发与利用速度超过海洋资源环境的承载力，从而导致海洋资源环境的破坏。另外，印度尼西亚对海洋资源环境保护的意识较为薄弱，这也加剧了资源环境的压力。

马来西亚作为东盟第二大海洋运输业大国，凭借其重要的战略位置，自古以来海洋产业是马来西亚经济发展的支柱。马来西亚政府非常重视海洋经济的发展，海洋交通运输、海洋渔业和滨海旅游业被列为国家级战略性新兴产业，每个五年规划都有财政拨款用于海洋产业的发展。但是，马来西亚对海洋资源的管理机构非常分散，缺乏与国家海洋经济发展相配套的海洋资源管理法案及战略。因此，马来西亚海洋资源环境与海洋经济发展的协调性较差。

四、新加坡海洋资源与海洋经济协调发展分析

新加坡是一个海岛型的城市国家，海洋资源十分丰富。新加坡在发展经济

的同时，十分注重海洋资源环境的保护。从 FAO 提供的红树林数据可以看出，其数量从 1980~2015 年都维持在 1000 公顷左右，这也从一个侧面说明其对海洋资源环境的管理和保护是相当成功的。一方面，新加坡的经济发展与海洋产业密切相关，其海洋产业主要是高附加产值的产业，如滨海旅游业、海运业、油气炼制行业、造船业等，海洋产业结构也以服务型产业为主。另一方面，新加坡十分注重海洋资源环境的保护，政府实施了一系列海洋环境保护的政策措施，并取得了显著的成效。

本章小结

本章通过分析东盟海洋经济发展与海洋资源的协调度发现，1995~2015 年，东盟六国海洋资源环境与海洋经济协调发展度在 0~0.793 变化。随着海洋经济发展规模的扩大，海洋资源处于失调状态。近 20 年来，东盟大多数国家的海洋发展战略加快了海洋经济的发展，但是海洋经济的发展速度超过了海洋资源环境的承载力，并且海洋环境保护、海洋管理工作相对滞后，海洋资源环境问题日益严重。从国别来看，东盟国家的海洋资源环境与海洋经济的协调发展总体来说是不协调居多，但由于东盟国家海洋经济发展水平不同，各国对海洋资源环境的保护与管理意识差异较大，因此各国的协调度也不尽相同。泰国、菲律宾和越南三个国家从 1995~2015 年的协调发展度皆呈现从失调到协调的转变，相对而言，马来西亚和印度尼西亚的协调度较差。作为岛国，新加坡一直注重经济发展与资源环境保护的相互协调，因而新加坡是东盟国家中海洋环境保护最好的国家。

第八章　东盟国家海洋经济发展潜力的实证研究

本章采用因子分析，对东盟九个国家的海洋经济发展潜力进行分析。基于国家宏观经济环境、海洋产业经济发展、海洋科技与创新、涉海活动的营商环境和海洋可持续性发展 5 个指标，探讨和比较区域内不同因素对海洋经济发展潜力的影响以及不同国家间的海洋经济发展潜力。

第一节　研究方法与评价指标

一、研究方法

有关产业发展潜力的研究，众多学者从不同角度采用不同的方法进行实证分析，本章将参考已有研究所建立的指标体系，采用主成分因子分析法对东盟国家海洋发展潜力进行系统分析。

为了对所要分析的问题有一个比较全面、完整的认识，在收集数据时会尽量寻找更多的变量，但是在进行分析时，变量数据过多也会带来一系列的问题，而减少变量的数量又可能会导致信息丢失或者不完整。因子分析可以有效地解决这一问题，通过提取几个可以高度概括大量数据的信息的因子，在减少数据数量的同时，也能做到不丢失或少丢失信息。这些所提取的因子反映出的是问题的某一方面，而运用这几个因子的方差贡献率作为权重来构造综合评价函数，能够简化众多原始变量及有效处理指标间的重复信息。应用因子分析的主要步骤如下：

第一步，将原始数据转换为标准化数据。

第二步，对标准化数据进行 KMO 和 Barllet 球度检验，并根据检验标准判断所取数据是否适合做因子分析。

第三步，如果数据符合做因子分析的条件，则进一步计算出相关矩阵 R，并求得 R 的特征根和特征向量。

第四步，根据所设定的累计贡献率来确定主因子的个数。

第五步，如果得到的主因子对问题的解释性不强，或没有什么实际意义，则需要应用最大方差法对因子进行旋转。

第六步，首先用原来指标的线性组合计算出各个因子的得分；然后用各个因子的方差贡献率作为权重，构建新的线性组合；最后列出综合评价指标函数，计算出综合得分。

第七步，根据得到的结果，进行相应的排序并分析。

二、评价指标体系

（一）评价原则

本章选取除老挝之外的东盟 9 个国家为样本，针对海洋发展潜力进行比较分析。由于各国海洋产业分类不同，海洋经济测量与统计标准也各有不同，在确定具体产业指标时，选取海洋渔业、海洋交通运输业、海洋油气业和滨海旅游业等有相同的产业分类和统计口径为样本。同时，由于各国在进行海洋产业（海洋经济）相关统计的范围和标准可能不一致，加上各国在统计过程中产生的误差大小也不同，即数据质量的高低也有所不同。所以，在进行海洋产业发展潜力评价指标体系构建时，采用可测量性、客观性、代表性和可操作性原则进行指标选取，本章所使用的指标数据均以国际组织公布和测算的为准。

（二）评价指标体系

根据评价原则，结合国内外研究现状中对于海洋经济发展潜力的研究综述，以及影响海洋经济发展的关键因素，本章构建了一套衡量国家海洋经济发展潜力的指标体系，如表 8-1 所示，该指标体系总包含 5 大类 26 个指标变量。其中，用 F_i 代表五大类发展潜力的评价指标，用 X_{ij} 代表直接观测的指标。

表 8-1　东盟国家海洋经济发展潜力指标体系

一级指标	二级指标
F1—国家宏观经济环境	X11—全球竞争力指数 X12—人类发展指数 X13—信息化发展指数 X14—全球促进贸易指数
F2—海洋经济发展水平	X21—渔业产量（千公吨） X22—港口吞吐量（TEU 标准箱） X23—油气产量（千吨油气当量） X24—滨海旅游入境人次（人） X25—海洋生计指数 X26—海洋经济发展指数 X27—领海面积占国土面积比例 X28—海岸线（千米）
F3—海洋科技与创新	X31—R&D 研究人员（每百万人）的数量 X32—高科技产品出口占制成品出口的百分比 X33—服务业附加值占 GDP 的比重
F4—海洋管理水平	X41—企业经营环境 X42—投资者保护力度 X43—企业信息披露程度指数 X44—营商便利指数 X45—港口基础设施质量
F5—海洋可持续性发展	X51—珊瑚礁（平方千米） X52—红树林（平方千米） X53—干旱、洪水和极端气温（占总人口的百分比，1990～2009 年平均值）（2009） X54—GEF 生物多样性效益指数（0＝无生物多样性潜力，100＝最大）（2008） X55—海洋健康指数（2015） X56—海洋保护区（占领海的百分比）

　　海洋经济发展潜力不仅包括目前海洋经济的发展规模和速度，还包括支撑整个海洋经济发展体系的环境因素。本章将国家宏观经济环境、海洋经济发展水平、海洋科技与创新、海洋管理水平和海洋可持续发展这五个大类作为一级指标对海洋经济发展潜力进行综合评价。

（三）评价指标的数据来源及解释

表 8-2 给出了五个大类对应的二级指标及数据来源，具体信息如下：

1. 国家宏观经济环境（F1）

国家宏观经济环境对海洋产业的发展有重要影响，该一级指标主要包括全球竞争力指数、人类发展指数、信息化发展指数和全球促进贸易指数四个二级指标。其一，全球竞争力指数、信息化发展指数和全球促进贸易指数均由世界经济论坛 WEF 编纂和发布，其中前两个指数每年发布一次，第三个指数则两年进行一次排名。其二，人类发展指数由联合国开发计划署（UNDP）每年发布一次。其三，信息化发展指数和全球促进贸易指数评估各个地区信息化程度和贸易往来程度。其四，全球促进贸易指数旨在衡量一国在中长期取得经济持续增长的能力，而人类发展指数则从健康指数、教育文化指数和生活水平指数来测量地区社会经济发展水平。

2. 海洋经济发展水平（F2）

海洋经济发展水平一级指标包括渔业产量、港口吞吐量、油气产量，海洋经济规模等八个二级指标。其一，领海面积占国土面积比例和海岸线长度两个指标代表一国拥有的资源禀赋，一般而言，这两个指标的数值越大，表示该国拥有越多的海洋资源和越好的地理位置优势。其二，渔业产量是海洋生物资源中最重要的一类，使用该指标不仅可以表示海洋渔业资源的拥有量和开发利用程度，在一定程度上还可以代表一国海洋生物资源的储量。其三，港口集装箱吞吐量、海洋油气产量和滨海旅游入境人次三个指标既代表各国对海洋资源的开发和利用程度，也可以代表一国的海洋产业规模。其四，海洋生计指数和海洋经济发展指数来源于海洋气象站发布的《海洋健康指数》的二级指数，这两个指数涉及评估的海洋部门包括九个，分别是观赏性鱼类捕捞、商业捕鱼、海水养殖、海洋哺乳动物观察、港口、船舶和造船、旅游、运输和航运以及波浪和潮汐能。其中，海洋生计指数是用以上海洋部门的就业率和工资测量海洋部门是否能在工作数量和质量上与国家其他部门保持一致。海洋经济发展指数则用涉海行业的收入测量沿海地区经济生产力能否跟得上国家 GDP 发展的速度，世界海洋气象站指出，由于从 2015 年开始国际劳工组织的中央统计数据库（International Labour Statistics）停止向世界海洋气象站提供数据，因此，这两个指数目前还是沿用 2014 年的数据。

3. 海洋科技与创新（F3）

海洋科技与创新一级指标包括 R&D 研究人员（每百万人）的数量、高科技产品出口占制造业出口的比重以及服务业附加值占 GDP 的比重三个二级指标，这三个指标数据均来自世界银行数据库。海洋科技与创新对于海洋产业结构的调整和海洋经济的可持续、高水平发展起到十分重要的作用。由于在国际性组织和各国统计数据中，均没有详细的政府海洋科技的支出数据，在海洋研究和教育方面统计的共同性也较低，所以关于海洋科技与创新方面的指标主要选用国家层面进行对比分析，在一定层面上可以反映国家对科技研发的重视程度。主要包括：其一，研究人员的数量是指国内研究人员的相对密度。其二，高科技产品出口占制造业出口的比例，高技术产业有利于推动产业结构升级，可以提高劳动生产率和经济效益，高科技产业是科技竞争的重要阵地。其三，服务业附加值占 GDP 的比重，该指标可以解释一个国家在创新方面的潜力。

4. 海洋管理水平（F4）

政府对海洋公共资源的开发、利用和管理中所扮演的角色越来越突出，政府对海洋的管理影响海洋产业的布局和结构。海洋管理水平一级指标包括企业经营环境、投资者保护力度、营商便利指数、企业信息披露程度指数和港口基础设施质量五个二级指标。前四个指标的原始数据来源于世界银行发布的《全球营商环境报告》；第五个指标——港口基础设施质量是用于衡量企业高管对本国港口设施的感受（1＝十分欠发达，7＝十分发达高效），数据来自世界经济论坛与 150 家合作研究机构 30 年来合作进行的高管意见调查。

5. 海洋可持续性发展（F5）

海洋可持续性发展一级指标包括珊瑚礁，红树林，干旱、洪水和极端气温（占总人口的百分比，1990～2009 年平均值），GEF 生物多样性效益指数（0＝无生物多样性潜力，100＝最大），海洋健康指数和海洋保护区（占领海的百分比）六个指标来衡量。其一，珊瑚礁和红树林的面积指标数据处理和来源在第六章中已有详细介绍，该两项指标可以非常直观地测量海洋生态资源的丰富程度。其二，干旱、洪水和极端气温（占总人口的百分比，1990～2009 年平均值）则从反向的层面描绘海洋气候变化所带来的灾害。这三个指标均来自世界银行提供的国家数据。海洋健康指数由世界海洋气候站发布，该指标主要是测量人们利用海洋的可持续程度，一共包括 10 个子项目，其中就包括 F2 的两个子项目。其三，GEF 生物多样性效益指数（0＝无生物多样性潜力，100＝最大），该指标则从一个更综合的层面解释海洋生物的多样性。该指标说明了政府对保护海岸带和海上国土、恢复受威胁的生物多样性和监测在气候变化和其他人类影响下海洋和海岸带发生的环境变化的重视程度。其四，海洋健康指数测量了全球221个国家和地区的海洋健康状况，由10大类，18小类组成，本书使用海洋健康指数的综合指数。其五，海洋保护区，该指标测量的是海洋保护区占临海比例。为了避免在评价过程中出现较大的误差，本书的数据选取全部是定量指标，且大多集中在2015年，但是个别数据的统计年份有些不一致，主要是由于某些指标并不是每年都发布或统计，有些是隔年，或是相隔数年，考虑到比较的需要，对某些数据的选取以最接近2015年的数据为原则。

表8-2　东盟国家海洋经济业发展潜力指标的数据来源

指标	数据来源
X11—全球竞争力指数	世界经济论坛（WEF）The Global Competitiveness Report：2017–2018
X12—人类发展指数	联合国开发计划署（UNDP）Human Development Report 2016
X13—信息化发展指数	世界经济论坛（WEF）The Global Enabling Trade Report 2016
X14—全球促进贸易指数	世界经济论坛（WEF）The Global Information Technology Report 2016
X21—渔业产量（千公吨）	世界粮农组织（FAO）数据库
X22—港口吞吐量（TEU 标准箱）	联合国开发计划署（UNCTAD）数据库
X23—油气产量（千吨油气当量）	IEA 数据库
X24—滨海旅游入境人次（人）	世界银行（WB）国家数据
X25—海洋生计指数	世界海洋气象站 Ocean Health Index
X26—海洋经济发展指数	世界海洋气象站 Ocean Health Index
X27—领海面积占国土面积比例	World Factbook，2017 年和 PEMEA 2005 年的报告
X28—海岸线（千米）	World Factbook，2017
X31—R&D 研究人员（每百万人）的数量	世界银行（WB）国家数据
X32—高科技产品出口占制成品出口的百分比	世界银行（WB）国家数据
X33—服务业附加值占 GDP 的比重	世界银行（WB）国家数据
X41—企业经营环境	世界银行（WB）Doing Business：2015
X42—投资者保护力度	世界银行（WB）Doing Business：2015
X43—企业信息披露程度指数	世界银行（WB）Doing Business：2015
X44—营商便利指数	世界银行（WB）Doing Business：2015
X45—港口基础设施质量	世界银行（WB）国家数据
X51—珊瑚礁（平方千米）	世界粮农组织（FAO）Global Forest Resources Assessment 2015

指标	数据来源
X52—红树林（平方千米）	世界粮农组织（FAO）Global Forest Resources Assessment 2015
X53—干旱、洪水和极端气温（占总人口的百分比，1990～2009年平均值）	世界银行（WB）国家数据（2009）
X54—GEF生物多样性效益指数（0=无生物多样性潜力，100=最大）	世界银行（WB）国家数据（2008）
X55—海洋健康指数（2015）	世界海洋气象站 Ocean Health Index：2015
X56—海洋保护区（占领海的百分比）	世界银行（WB）国家数据

第二节　东盟海洋经济发展潜力的因子分析

一、各类的标准化数据

由于以上的评价指标数量达到26个，为了更清楚地显现因子和变量之间的关系，本书对国家宏观经济环境、海洋经济发展水平、海洋科技与创新、海洋管理水平以及海洋可持续性发展5个大类的原始变量分别进行标准化后的因子分析，以简化指标，提取信息。为了消除变量单位的不同对因子分析的影响，本节先对原始数据进行标准化处理，将其转化为标准化数据，具体信息如表8-3至表8-7所示。

表8-3　F1标准化数据

国家	ZX11	ZX12	ZX13	ZX14
文莱	-0.40	1.15	1.25	-0.28
柬埔寨	-1.08	-1.27	-0.85	-0.76
印度尼西亚	-0.06	-0.26	-0.30	-0.28
马来西亚	1.14	0.54	0.61	0.67

续表

国家	ZX11	ZX12	ZX13	ZX14
缅甸	-1.08	-1.33	-1.58	-0.76
菲律宾	-0.23	-0.32	-0.21	-0.60
新加坡	1.99	1.64	1.61	2.41
泰国	0.11	0.15	-0.21	-0.12
越南	-0.40	-0.31	-0.30	-0.28

表 8-4　F2 标准化数据

国家	ZX21	ZX22	ZX23	ZX24	ZX25	ZX26	ZX27	ZX28
文莱	-0.69	-0.94	-0.61	-1.12	0.51	-0.48	-0.27	-0.67
柬埔寨	-0.58	-0.91	-1.04	-0.67	-0.96	0.77	-0.83	-0.65
印度尼西亚	2.53	0.15	1.77	-0.12	-1.23	0.72	1.19	2.16
马来西亚	-0.40	1.25	1.39	1.39	0.78	-0.80	-0.38	-0.44
缅甸	-0.04	-0.88	-0.63	-0.68	1.38	0.39	-0.95	-0.54
菲律宾	-0.04	-0.29	-0.94	-0.61	-1.23	-2.16	1.96	1.20
新加坡	-0.69	1.95	0.24	0.36	1.06	0.77	0.42	-0.66
泰国	-0.31	-0.19	0.17	1.80	0.05	0.77	-0.79	-0.31
越南	0.21	-0.14	-0.33	-0.36	-0.36	0.01	-0.35	-0.09

表 8-5　F3 标准化数据

国家	ZX31	ZX32	ZX33
文莱	-0.45	-0.74	-1.03
柬埔寨	-0.57	-1.10	-0.69
印度尼西亚	-0.49	-0.78	-0.54
马来西亚	0.47	1.06	0.45
缅甸	-0.57	-1.10	-0.93
菲律宾	-0.49	1.32	0.76
新加坡	2.52	1.23	2.02
泰国	-0.17	-0.11	0.43
越南	-0.27	0.22	-0.47

表 8-6　F4 标准化数据

国家	ZX41	ZX42	ZX43	ZX44	ZX45
文莱	0.09	-0.29	-0.83	0.31	0.33
柬埔寨	-0.87	-0.47	-0.53	0.90	-0.48
印度尼西亚	-0.27	0.00	0.96	0.54	-0.40
马来西亚	1.20	1.32	0.96	-1.11	1.03
缅甸	-1.78	-1.61	-1.13	1.62	-1.36
菲律宾	-0.37	-0.85	-1.43	0.21	-0.88
新加坡	1.37	1.51	0.96	-1.40	1.92
泰国	0.71	0.57	0.96	-0.97	0.15
越南	-0.07	-0.19	0.07	-0.08	-0.31

表 8-7　F5 标准化数据

国家	ZX51	ZX52	ZX53	ZX54	ZX55	ZX56
文莱	-0.53	-0.54	0.69	-0.69	-0.27	-0.45
柬埔寨	-0.54	-0.49	-2.26	-0.56	0.00	-0.97
印度尼西亚	2.38	2.59	0.62	2.47	0.27	1.78
马来西亚	-0.34	0.14	0.64	-0.16	0.53	-0.03
缅甸	-0.43	-0.06	0.29	-0.31	0.27	-1.12
菲律宾	0.89	-0.31	0.33	0.56	-0.80	0.07
新加坡	-0.54	-0.56	0.69	-0.69	-1.07	-0.45
泰国	-0.42	-0.32	-0.98	-0.39	2.14	1.47
越南	-0.47	-0.46	-0.02	-0.23	-1.07	-0.29

二、KMO 和 Bartlett 球度检验与分析

首先，利用 KMO 和 Bartlett 球度检验分别对变量的偏相关性和各变量之间的相关性进行检验，以判定数据是否适应采用因子分析法来进行分析。由表 8-8 可知，F1、F2、F3、F4 和 F5 的 KMO 抽样适度测定值均大于 0.7，根据因子分析对 KMO 的要求，五个变量均符合因子分析的前提条件。同时，Bartlett 球

度检验的概率均小于显著性水平 0.05，根据检验标准，可以判定所选用数据是否适合做因子分析。

表8-8　KMO 和 Bartlett 球度检验结果

KMO 测定值		F1	F2	F3	F4	F5
		0.715	0.723	0.784	0.730	0.702
Bartlett 检验	卡方（Chi-Square）	37.069	52.615	15.745	54.594	39.839
	自由度（df）	6	28	3	10	15
	概率（Sig.）	0.000	0.003	0.001	0.000	0.000

三、因子分析的总方差解释

表8-9 显示了 F1、F3 和 F4 在初始时，因子提取后和旋转后相关系统矩阵的特征值、方差贡献率及累计贡献率的变化结果。从表中可以看出，F1 在提取了1个公因子后，原有 4 个变量累计方差贡献率达到 88.167%，且提出的因子特征值为 3.527，取值大于 1。所以，提取 1 个公因子是合适的。F3 在提取了1个公因子后，原有 3 个变量累计方差贡献率达到 84.305%，且提出的因子特征值为 2.529，取值大于 1。所以，提取 1 个公因子是合适的。F4 在提取了 1 个公因子后，原有 5 个变量累计方差贡献率达到 88.547%，且提出的因子特征值为 4.427，取值大于 1。所以，提取一个公因子也是合适的。

表8-9　F1、F3、F4 因子分析的总方差解释

因子		初始值			提取平方和		
		特征值	方差贡献率	累计贡献率	特征值	方差贡献率	累计贡献率
F1	1	3.527	88.167	88.167	3.527	88.167	88.167
	2	0.395	9.886	98.053			
	3	0.055	1.384	99.437			
	4	0.023	0.563	100.000			
F3	1	2.529	84.305	84.305	2.529	84.305	84.305
	2	0.392	13.082	97.386			
	3	0.078	2.614	100.000			

因子		初始值			提取平方和		
		特征值	方差贡献率	累计贡献率	特征值	方差贡献率	累计贡献率
F4	1	4.427	88.547	88.547	4.427	88.547	88.547
	2	0.394	7.886	96.433			
	3	0.151	3.014	99.447			
	4	0.016	0.323	99.770			
	5	0.012	0.230	100.000			

表 8-10 显示了 F2、F5 在初始时，因子提取后和旋转后相关系统矩阵的特征值、方差贡献率及累计贡献率的变化结果。从表中可以看出，F2 在提取了 3 个公因子后，原有 8 个变量累计方差贡献率达到 85.625%，且提出的 3 个公共因子旋转后的特征值分别为 2.983、2.272 和 1.594，取值均大于 1。所以，提取 3 个公因子是合适的。F5 在提取了 2 个公因子后，原有 6 个变量累计方差贡献率达到 83.809%，且提出的 2 个公共因子旋转后的特征值分别为 3.548 和 1.480，取值均大于 1。所以，提取 2 个公因子是合适的。

表 8-10　F2 和 F5 因子分析的总方差解释

因子		初始值			提取平方和			旋转平方和		
		特征值	方差贡献率	累计贡献率	特征值	方差贡献率	累计贡献率	特征值	方差贡献率	累计贡献率
F2	1	3.190	39.872	39.872	3.190	39.872	39.872	2.983	37.290	37.290
	2	2.355	29.437	69.310	2.355	29.437	69.310	2.272	28.404	65.694
	3	1.305	16.315	85.625	1.305	16.315	85.625	1.594	19.930	85.625
	4	0.568	7.104	92.729						
	5	0.409	5.107	97.835						
	6	0.137	1.712	99.548						
	7	0.035	0.443	99.991						
	8	0.001	0.009	100.000						

因子		初始值			提取平方和			旋转平方和		
		特征值	方差贡献率	累计贡献率	特征值	方差贡献率	累计贡献率	特征值	方差贡献率	累计贡献率
F5	1	3.549	59.142	59.142	3.549	59.142	59.142	3.548	59.138	59.138
	2	1.480	24.666	83.809	1.480	24.666	83.809	1.480	24.671	83.809
	3	0.652	10.866	94.675						
	4	0.243	4.055	98.729						
	5	0.068	1.140	99.869						
	6	0.008	0.131	100.000						

四、公共因子的提取与分析

表 8-11 显示了 F2 旋转前后的因子载荷矩阵，通过载荷系数大小可以分析不同公共因子所反映的主要指标的区别。从表中结果来看，第一个公共因子 F21 在 ZX21、ZX27 和 ZX28，即 X21—渔业产量、X27—领海面积占国土面积比例和 X28—海岸线长度三个指标具有高载荷，可命名为海洋资源禀赋。第二个公共因子 F22 在 ZX23、ZX24 和 ZX25，即 X23—油气产量、X24—滨海旅游入境人次和 X25—海洋生计指数这三个指标上具有高载荷，可命名为海洋产业规模水平。第三个公共因子 ZX26，即 X26—海洋经济发展指数这一指标上具有高载荷，可命名为海洋经济发展水平。关于 F2 公共因子的命名，如表 8-12 所示。

表 8-11　F2 因子载荷矩阵

	旋转前			旋转后		
	因子			因子		
	1	2	3	1	2	3
ZX21	0.838	0.183	0.456	0.944	0.117	0.198
ZX22	0.058	0.799	-0.460	-0.088	0.900	-0.188
ZX23	0.431	0.842	0.099	0.450	0.812	0.208
ZX24	-0.110	0.817	-0.130	-0.137	0.806	0.168
ZX25	-0.737	0.365	-0.155	-0.742	0.326	0.207

	旋转前			旋转后		
	因子			因子		
	1	2	3	1	2	3
ZX26	−0.275	0.405	0.786	0.006	0.131	0.917
ZX27	0.832	−0.101	−0.459	0.632	0.113	−0.708
ZX28	0.988	−0.009	0.073	0.956	0.060	−0.252

表 8-12　F2 公共因子的命名

公共因子	具有高载荷的原始指标	因子命名
F21	X21—渔业产量（千公吨）	海洋资源禀赋
	X27—邻海面积占国土面积比例	
	X28—海岸线（千米）	
F22	X23—油气产量（千吨油气当量）	海洋产业规模
	X24—滨海旅游入境人次（人）	
	X25—海洋生计指数	
F23	X26—海洋经济发展指数	海洋经济发展水平

表 8-13 显示了 F5 旋转前后的因子载荷矩阵，通过载荷系数大小可以分析不同公共因子所反映的主要指标的区别。从表中结果来看，第一个公共因子 F51 在 ZX51、ZX52、ZX54 和 ZX56，即 X51—珊瑚礁、X52—红树林、X54—GEF 生物多样性效益指数和 X56—海洋保护区（占领海的百分比）这四个指标具有高载荷，可命名为海洋生态与保护。第二个公共因子 F52 在 ZX53 和 ZX55，即 X53—干旱、洪水和极端气温和 X55—海洋健康指数这两个指标上具有高载荷，可命名为海洋环境与健康。关于 F5 公共因子的命名，如表 8-14 所示。

表 8-13　F5 因子载荷矩阵

	旋转前		旋转后	
	因子		因子	
	1	2	1	2
ZX51	0.950	−0.159	0.948	−0.170
ZX52	0.948	−0.017	0.947	−0.028

	旋转前		旋转后	
	因子		因子	
	1	2	1	2
ZX53	0.327	−0.698	0.319	−0.702
ZX54	0.970	−0.115	0.969	−0.126
ZX55	0.210	0.894	0.221	0.891
ZX56	0.810	0.394	0.814	0.384

表 8-14　F5 公共因子的命名

公共因子	具有高载荷的原始指标	因子命名
F51	X51—珊瑚礁（平方千米）	海洋生态与保护
	X52—红树林（平方千米）	
	X54—GEF 生物多样性效益指数（0＝无生物多样性潜力，100＝最大）（2008）	
	X56—海洋保护区（占领海的百分比）	
F52	X53—干旱、洪水和极端气温（占总人口的百分比，1990～2009 年平均值）	海洋环境与健康
	X55—海洋健康指数	

第三节　东盟海洋经济发展潜力的比较分析

一、F1、F3 和 F4 的综合得分及排序情况

不同国家具有不同的海洋资源环境，同时受到国家宏观经济环境、海洋经济发展水平、海洋科技与创新以及海洋管理水平的因素影响，东盟各国在海洋经济发展潜力的表现各不相同。采用 SPSS23.0 计算出因子的得分后，将表 8-9 中公共因子的方差贡献率作为权重，计算出国家宏观经济环境、海洋科技与创

新、海洋管理水平的综合的得分，即：

F1＝F11×0.88167

F3＝F31×0.84305

F4＝F41×0.88547

其中，F11、F31 和 F41 分别为国家宏观经济环境、海洋科技与创新以及海洋管理水平的在回归分析中得到的因子得分，而 F1、F3 和 F4 分别为其综合得分。

计算各国家 F1、F3、F4 的综合得分及排名，如表 8-15 所示。

表 8-15 F1、F3 和 F4 的综合得分及排名

	国家宏观经济环境			海洋科技与创新			海洋管理水平		
	F1	综合得分	排名	F3	综合得分	排名	F4	综合得分	排名
文莱	0.46	0.41	3	-0.81	-0.69	7	-0.2	-0.18	6
柬埔寨	-1.06	-0.93	8	-0.85	-0.72	8	-0.69	-0.61	7
印度尼西亚	-0.24	-0.21	5	-0.65	-0.55	6	-0.08	-0.07	4
马来西亚	0.79	0.69	2	0.71	0.6	2	1.2	1.06	2
缅甸	-1.26	-1.12	9	-0.95	-0.8	9	-1.6	-1.42	9
菲律宾	-0.36	-0.32	7	0.59	0.5	3	-0.77	-0.68	8
新加坡	2.04	1.8	1	2.09	1.77	1	1.53	1.36	1
泰国	-0.02	-0.02	4	0.07	0.06	4	0.71	0.63	3
越南	-0.34	-0.3	6	-0.2	-0.17	5	-0.09	-0.08	5

（1）新加坡、马来西亚、文莱和泰国这些国家的宏观经济环境占绝对优势，不管是基础设施、人文发展还是经济增长方面都具有明显的优势。印度尼西亚、越南、菲律宾随后，柬埔寨和缅甸位列最后两名。

（2）在海洋科技与创新方面，新加坡、马来西亚、菲律宾和泰国位列前四名，越南、印度尼西亚、文莱、柬埔寨和缅甸随后。

（3）在海洋管理水平上，新加坡、马来西亚和泰国均处于优势地位，占据前三的位置。随后是印度尼西亚、越南、文莱、柬埔寨、菲律宾和缅甸。

二、F2 和 F5 的综合得分及排序情况

采用SPSS23.0计算出因子的得分后，将表8-10中旋转后的公共因子方差

贡献率作为权重，计算出海洋经济发展水平和海洋可持续性发展的综合得分，即

$$F2 = F21 \times 0.3729 + F22 \times 0.28404 + F23 \times 0.19930$$

$$F5 = F51 \times 0.59138 + F52 \times 0.24671$$

其中，F21、F22和F23分别为海洋资源禀赋、海洋产业规模和海洋经济发展水平在回归分析中得到的因子得分，而F2为海洋经济发展水平综合得分。计算各国家F2的综合得分及排名，如表8-16所示。

表8-16　F2综合得分及排名

	F21	排名	F22	排名	F23	排名	综合得分	排名
文莱	-0.62	8	-0.94	8	-0.23	7	-0.56	9
柬埔寨	-0.22	4	-1.22	9	0.74	3	-0.33	8
印度尼西亚	2.42	1	0.50	4	0.67	4	1.22	1
马来西亚	-0.61	7	1.60	1	-0.46	8	0.15	3
缅甸	-0.58	6	-0.70	7	0.76	2	-0.31	6
菲律宾	0.59	2	-0.63	6	-2.32	9	-0.33	7
新加坡	-0.75	9	1.23	2	-0.20	6	0.03	4
泰国	-0.30	5	0.54	3	0.85	1	0.18	2
越南	0.08	3	-0.39	5	0.18	5	-0.05	5

（1）印度尼西亚、菲律宾和越南这三个国家的海洋资源禀赋优势明显，印度尼西亚海洋资源禀赋排名第一主要是由于印度尼西亚作为一个群岛国家，不仅拥有众多的群岛，而且其海岸线长度位居世界前三。此外，由于位于太平洋和印度洋的交界处，属亚热带气候，其海洋生物资源非常丰富及多样化。新加坡虽海域面积占陆地面积比例较大，但其陆地面积狭小。

（2）马来西亚海洋产业规模排名第一，这主要是马来西亚的海洋油气、滨海旅游业和海运业对国民经济贡献大，国家经济的发展对这些产业的依赖性较强。新加坡位居第二，主要是新加坡港的集装箱吞吐量多年位列世界前两名。泰国由于其极具特色旅游业的发展，使其位列第三。印度尼西亚、越南和菲律宾紧跟其后。

（3）从表8-16中可以发现，东盟国家海洋部门的经济发展相对其他部门而言，速度较慢。目前依然无法跟上国民经济的整体发展速度，不论是就业数量、质量还是收入，均低于其他行业。总的来说，泰国由于重视开发高附加值

的领域，因此泰国的海洋部门的经济发展速度较快。

（4）得益于海洋资源禀赋，印度尼西亚在海洋经济发展水平的综合得分最高。其次是马来西亚、泰国和新加坡，越南、缅甸、菲律宾、柬埔寨和文莱随后。

其中，F51 和 F52 分别为海洋生态与保护、海洋环境与健康在回归分析中得到的因子得分，而 F5 为海洋可持续发展的综合得分。计算各国家 F5 的综合得分及排名，如表 8-17 所示。

表 8-17　F5 综合得分及排名

	F51	排名	F52	排名	综合得分	排名
文莱	-0.54	7	-0.48	6	-0.43	8
柬埔寨	-0.85	9	0.93	2	-0.27	5
印度尼西亚	2.48	1	-0.16	4	1.43	1
马来西亚	-0.01	4	0.06	3	0.01	3
缅甸	-0.43	5	-0.20	5	-0.33	6
菲律宾	0.30	2	-0.76	8	0.00	4
新加坡	-0.60	8	-0.97	9	-0.58	9
泰国	0.10	3	2.22	1	0.59	2
越南	-0.45	6	-0.63	7	-0.41	7

（1）与其他东盟国家相比，印度尼西亚和菲律宾在海洋生态与保护上非常具有优势，印度尼西亚主要是由于其生态资源丰富与多样性而使其位列第一，而菲律宾除拥有丰富的生态资源外，还十分重视海洋生态环境的保护。

（2）在海洋环境与健康上，泰国由于遭受的海洋灾害比例较小，同时海洋健康指数较高，从而使泰国位列第一位。新加坡由于其海洋经济指数较低，其排名在第九位。

（3）总的来说，在海洋经济可持续性发展的层面上，印度尼西亚、泰国、马来西亚和菲律宾位列前四名，随后是柬埔寨、缅甸、越南、文莱和新加坡。

三、东盟国家海洋经济发展潜力的比较与分析

根据五个大类的综合得分值，加权各类的综合得分值，从而可以得到各个

国家海洋经济发展潜力的综合评价值，并对其进行排序，具体如表8-18所示。

表8-18 东盟国家海洋经济发展潜力综合得分及排名

	F1	F2	F3	F4	F5	总得分	总排名
文莱	0.41	-0.54	-0.69	-0.18	-0.44	-0.43	7
柬埔寨	-0.93	-0.28	-0.72	-0.61	-0.27	-0.67	8
印度尼西亚	-0.21	1.18	-0.55	-0.07	1.43	0.70	2
马来西亚	0.69	0.13	0.60	1.06	0.01	0.58	3
缅甸	-1.12	-0.26	-0.80	-1.42	-0.30	-0.92	9
菲律宾	-0.32	-0.42	0.50	-0.68	-0.01	-0.33	6
新加坡	1.80	0.03	1.77	1.36	-0.59	0.90	1
泰国	-0.02	0.21	0.06	0.63	0.60	0.41	4
越南	-0.30	-0.04	-0.17	-0.08	-0.42	-0.24	5

（1）新加坡的海洋经济发展潜力综合评价得分居于首位，结合以上分析可知，其主要促进因素有良好的国家宏观经济环境、较高的海洋科技与创新水平和海洋管理水平。

（2）印度尼西亚居于第二位，其重要的促进因素是海洋产业规模大，这主要与印度尼西亚拥有丰富的海洋渔业、油气资源有关。另外，印度尼西亚有较高的海洋经济可持续性发展水平，尤其是其生态资源的丰富性和多样性对这一排名也有很大贡献。

（3）马来西亚和泰国分别排在第三位和第四位，这主要是由于马来西亚和泰国在各大类上排名均在前四名，这两个国家不论是资源禀赋、科技与创新、国家宏观环境、管理水平还是海洋产业规模在东盟沿海国家中均表现良好。因此，综合发展潜力排名中等偏上。

（4）越南和菲律宾分别位列第五位和第六位。目前越南排在第五位，其海洋产业发展基础好，国家及政府非常重视。因此，在越南经济整体向上的趋势下，越南海洋经济将起到越来越重要的作用。菲律宾对海洋的保护意识较强。同时，由于其国内整体经济发展较为缓慢，使得菲律宾的海洋经济发展也较为缓慢。

（5）文莱的海洋经济发展潜力排在第七位，虽然文莱的人均GDP较高。但是，其主要依靠油气，能源消费结构较为单一，对其他产业的发展推动也不大。

柬埔寨和缅甸的海洋经济发展潜力位于最后两位。

本章小结

　　本章将国家宏观经济环境、海洋经济发展水平、海洋科技与创新、海洋管理水平和海洋可持续发展这五个大类作为一级指标，对海洋经济发展潜力进行综合评价，其中包括 26 个具体的二级指标。新加坡的海洋经济发展潜力综合评价得分居于首位，其主要促进因素是具有良好的宏观经济环境、较高的海洋科技与创新水平和海洋管理水平；印度尼西亚居于第二位，其重要的促进因素是海洋产业规模大，这与印度尼西亚的海洋资源禀赋而使得其拥有丰富的海洋资源和多样的海洋生态；马来西亚和泰国分别排在第三位和第四位，这主要是由于马来西亚和泰国在各大类上排名均在前四名，这两个国家不论是海洋资源禀赋、海洋科技与创新、宏观环境、海洋管理水平还是海洋经济发展水平在东盟沿海国家中均表现良好；越南和菲律宾紧随其后，虽然这两个国家的海洋资源禀赋较好，但是这两个国家的宏观经济环境、科技与创新较差；文莱的海洋经济发展潜力排在第七位，虽然文莱的人均 GDP 较高，但主要依靠油气，经济结构较为单一，对其他产业的发展推动也不大。此外，柬埔寨和缅甸的海洋经济发展潜力位于最后两位。

第九章 结论与启示

本章借鉴和运用当代海洋产业经济理论、经济增长理论、资源环境经济学理论以及可持续发展理论，以东盟国家海洋经济发展潜力为主题，阐述东盟国家海洋经济和海洋产业的发展状况，分析各国海洋经济发展的制度性保障，采用实证研究方法论证这些国家海洋经济与经济增长、海洋经济与海洋资源环境的关系，得出东盟国家海洋经济发展的潜力，以此为我国海洋经济的发展提出可资借鉴的国际经验。

第一节 本书主要结论

一、东盟国家海洋经济发展迅速，海洋产业面临着结构调整与转型

近年来，东盟国家海洋经济迅速发展，海洋经济在国民经济中的地位与作用不断提升。印度尼西亚和越南海洋经济的增加值占国民经济比重较大；新加坡和马来西亚作为战略性的海上枢纽，海洋交通运输业带动整体海洋经济的发展；泰国的渔业和滨海旅游业发展较快，高附加值的海洋产业带动其他海洋产业可持续发展；菲律宾实行出口导向型的经济模式，海洋产业发展水平不高。

目前，海洋渔业、海洋油气业、海洋交通运输业和滨海旅游业已成为东盟国家海洋经济中成熟的产业部门。海洋渔业是各国海洋产业的基础部门，它既满足国民的基本需要和出口需求，同时也为其他部门提供重要的物质基础，还提供了大量的就业岗位；东盟国家海上油气业是全球能源市场的重要参与者，虽然近年来石油产量持续下降，但东盟仍是世界天然气主要的生产与出口地区；

东盟国家海洋交通运输业在外向型经济发展中具有战略地位；滨海旅游业是东盟国家的优势产业部门，它对各国经济具有巨大的拉动作用。不过，随着各国海洋经济的发展和海洋科技的进步，东盟国家海洋经济发展将逐渐步入转型期，海洋产业也将面临结构调整与升级。

二、东盟国家的海洋经济发展战略、法律法规和产业政策是各国海洋经济发展的重要制度保障

在东盟国家海洋经济发展历程中，各国注重根据本国的海洋资源禀赋，制定各自的海洋经济发展战略，出台了海洋法律法规，设立了海洋管理的相关机构，这是各国海洋经济发展的制度保障。首先，东盟国家积极制定和实施海洋经济发展战略与政策，并以法律法规的形式将其制度化和规范化。其次，东盟国家在采用国际规则的同时，制定了各种与海洋主权相关的法律和规定。东盟国家均没有设置独立的海洋管理机构，绝大多数国家对海洋管理工作采用的是高层协调和相对集中管理、政府各涉海部门分工负责、地方政府与民间积极参与的综合管理模式。随着海洋资源环境日益受到破坏，东盟国家开始重视海洋及海岸带的资源环境管理。最后，在经济增长和环境资源保护下，东盟国家通过健全产业管理体系、引入竞争机制、加强基础设施建设、提高从业人员素质以及加强国际合作等措施，推动海洋产业的规模效应和结构调整。

三、东盟国家海洋经济与经济增长互为因果关系

过去 20 年，东盟国家的海洋经济和经济增长密切相关，且呈现逐年增长态势。相关分析结果表明，东盟国家海洋经济指数与宏观经济指数存在因果关系。对东盟六国分别做时间序列分析，其海洋经济指数与宏观经济指数之间存在不尽相同的因果关系也基本支持了这一结论。除新加坡的宏观经济指数与海洋经济指数不存在因果关系外，其他东盟五国均存在单向或多项因果关系。印度尼西亚的宏观经济指数与海洋经济指数存在双向因果关系，马来西亚、泰国、菲律宾和越南均存在单向因果关系。

四、东盟六国海洋资源环境与海洋经济发展总体不协调

1995~2015 年,东盟国家海洋经济呈现快速发展态势,但各成员国发展极不平衡。由于海洋资源的过度开发和利用,许多国家的海洋资源环境遭受不同程度的破坏。因此,东盟国家海洋经济与海洋资源环境保护处于失调状态。从东盟六国看,海洋资源环境与海洋经济之间不协调状态的国家居多。由于各国海洋经济发展水平不一,对海洋资源环境的保护与管理意识也不尽相同,因而六个国家的协调度也相差较大。其中,泰国、菲律宾和越南的协调发展度呈现从失调到协调的转变,马来西亚和印度尼西亚的海洋资源与海洋经济协调发展度较低,而新加坡则是东盟国家中海洋经济发展与海洋资源环境保护的典范。

五、东盟国家海洋经济发展颇具潜力,新加坡、印度尼西亚和马来西亚位列前三位

对东盟国家海洋经济发展潜力进行综合评价,结果发现新加坡海洋经济发展潜力综合得分居于首位,其主要原因有良好的宏观经济环境、较高的海洋科技与创新和海洋管理水平;印度尼西亚居于第二位,其重要的促进因素是海洋产业规模大,这得益于印度尼西亚拥有丰富的海洋资源和多样化的生态系统;马来西亚和泰国分别排在第三位和第四位,这主要是由于两国在各大类的排名均在前四名,它们不论是海洋资源禀赋、科技与创新、宏观环境、管理水平,还是海洋经济发展水平在东盟国家中均表现良好;越南和菲律宾紧随其后,虽然这两个国家的海洋资源禀赋较好,但两国的宏观经济环境、科技与创新较差;文莱的海洋经济发展潜力排在第七位,虽然文莱的人均 GDP 较高,但主要依靠油气业,经济结构较为单一,对其他产业的带动作用不大;柬埔寨和缅甸由于海洋经济发展水平较低,其海洋经济发展潜力位于最后两位。

第二节 对我国的启示

一、协调好经济增长、海洋经济发展与海洋资源环境之间的关系

进入 21 世纪后，中国海洋经济在国民经济中的地位稳步提升。2000 年以来，中国海洋生产总值的年均增速达到 13.62%，增长势头强劲，远超过十年来的 GDP 年均增速。[①] 尽管中国海洋经济发展势头迅猛，但粗放式的发展模式使海洋资源环境约束日益显现，全球气候变化与海洋灾害的问题日益凸显。由于中国海洋经济保障机制与体系尚不完善，海洋资源环境对海洋经济发展的约束加剧，未来将制约中国海洋经济的发展。[②]

经济增长需要发展海洋经济，海洋经济发展会带来资源破坏和环境污染，因此，针对我国海洋经济发展现状，需要用"可持续发展"理论来协调好三者之间的关系。由海洋产业经济学理论可知，可持续发展的衡量标准是海洋经济发展潜力。借鉴东盟国家促进海洋经济发展潜力的经验，我国需要提供良好的宏观经济发展环境，提高海洋科技与创新能力，推动海洋产业结构升级，促进政府海洋管理能力提升，从而实现海洋经济和海洋资源环境的可持续发展。

二、加快海洋经济发展方式转型和海洋产业结构优化

《中国海洋经济发展报告 2016》的数据显示，近年中国海洋经济保持了略高于同期国民经济增速的发展态势，但较往年继续呈现放缓态势。从 2012 年开始，中国海洋经济由高速增长期进入深度调整期。[③]

从东盟海洋经济发展经验来看，随着海洋经济的快速增长，产业结构的主

---

① 国务院. 国务院关于印发全国海洋经济发展"十二五"规划的通知 [EB/OL].
② 2016 年中国海洋环境状况公报显示海洋环境风险依然突出 [N]. 人民日报, 2017-03-22.
③ 国家发改委, 国家海洋局. 全国海洋经济发展"十三五"规划 [C]. 2017.

要矛盾将由过去部门之间的不协调和供应不足转向研发设计、低碳经营和绿色营销等关键环节的滞后。可以说，海洋经济发展的过程既是海洋产业结构持续调整和升级的过程，也是海洋产业结构从高消耗、高排放向低消耗、低排放转变的高质量发展之路。

目前，我国海洋经济处于深度调整期①，为进一步释放海洋的资源优势，我国必须逐步加大海洋产业结构的调整力度，重点改造与提升海洋传统产业，培育壮大海洋新兴产业，积极发展海洋服务业，提高增长质量，实现协调发展。通过改变海洋经济发展方式，优化海洋产业结构，建立起我国海洋经济可持续发展的内在机制，以保证海洋经济可持续发展。

三、进一步健全和完善海洋经济发展的制度保障体系

自中国国家海洋局成立至今，其职能从过去单纯的海洋科研调查和公益服务逐步向综合性、协调性的海洋管理职能转变。不过，我国现有涉海管理部门纵横交错，权责不明，不利于国家宏观调控，也导致海洋资源的盲目开发、海洋产业重复建设等复杂的问题，这与我国海洋管理体制跟不上海洋经济发展的步伐相关联。

东盟国家注重海洋管理体制的建设，将海洋经济发展纳入国家经济发展规划，并以法律法规的形式将其制度化和规范化。尽管东盟国家均未设置独立的海洋管理机构，但大多采用高层协调和相对集中管理、各涉海部门分工负责、地方政府与民间积极参与的综合管理模式。因此，海洋经济可持续发展需要政府不断健全和完善管理体系和提高管理能力。

针对我国海洋经济管理出现的问题，未来我国要突出海洋经济全球布局观，主动适应并引领海洋经济发展新常态，加快供给侧结构性改革，着力优化海洋经济区域布局，提升海洋产业结构和层次，扩大海洋经济领域开放与合作，推动海洋经济由速度规模型向质量效益型转变，为蓝色经济发展和海洋强国做出贡献。同时，调动海洋企业和人民大众的积极性，对海洋资源实现跨部门、跨地区和跨学科的综合管理。

---

① 中国经济网．我国海洋经济三次产业结构进一步优化海洋经济驶入深度调整期［EB/OL］．http://finance.ifeng.com/a/20160114/14167077_0.shtml.

四、实现区域海上互联互通，构建中国—东盟海洋经济伙伴关系

随着经济迅速崛起，我国推出了"海洋强国""一带一路"和"复兴之路"等一系列重大措施，使海洋经济面临一个重要的转折点和机遇。但是，受世界经济格局和变化的影响，各种形式的保护主义抬头，各类经济体进入结构的深度调整中，而海洋主权争端愈演愈烈，海洋资源争夺战日益加剧。在新的国际和区域形势下，我国必须调整周边外交战略，通过海洋强国战略和"一带一路"倡议，构建中国—东盟海洋经济伙伴关系。

东盟是我国最重要的周边地区之一，中国和东盟国家均有漫长海岸线，海洋资源丰富。近年来，中国与东盟国家领导人多次强调中国与东盟海洋合作是双边合作的优先领域和重点方向，海洋产业合作将成为中国—东盟区域经济合作的新亮点。基于中国—东盟海洋经济的发展现状，可以通过多种方式进行双边和多边海洋经济合作①。首先，制定和实施中国—东盟海洋经济合作的中长期战略。在平等合作和互利共赢的原则下，实施中国—东盟海上互联互通的具体政策和措施，与东盟国家建立海洋经济合作的协商机制。其次，加强中国—东盟区域海洋经济的产能合作。根据中国—东盟海洋资源和临港产业的优势，参照东盟互联互通规划，制定中国—东盟海洋产能合作的主要领域和关键项目。再次，通过跨区域合作、省级合作、港口城市合作以及临港产业集群实施地区对接，开展港口合作、海洋渔业、海洋船舶、海洋油气、临港产业、滨海旅游、海洋科研与环境保护、海洋教育与文化交流等②。最后，要注重区域海洋产业安全，尤其是海洋资源开发产业（海洋渔业、海洋油气资源等）的合作项目，强化海洋产业安全和防范产业风险意识，做好海洋产业项目的可行性研究，建立相关项目的风险防范机制。

---

① 中国—东盟合作：1991 – 2011（全文）［EB/OL］. http：//www. fmprc. gov. cn/chn//pds/gjhdq/gjhdqzz/lhg_14/xgxw/t877316. htm.

② 新华社. 中国—东盟务实推进港口城市合作网络助力区域互联互通［N］. 2017–09–14.

参考文献

［1］ Abizadeh F. , Abizadeh S. and Basilevsky A. Potential for Economic Development: A Quantitative Approach ［J］. Social Indicators Research, 1990, 22 （1）.

［2］ Brander L. , F. Eppink. The Economics of Ecosystems and Biodiversity in Southeast Asia （ASEAN TEEB）. Scoping Study. ASEAN Centre for Biodiversity. 2015.

［3］ Benito G. R. G, Berger E. and Forest M. D. L, et al. A Cluster Analysis of the Maritime Sector in Norway ［J］. International Journal of Transport Management, 2003, 1 （4）: 203-215.

［4］ Chua T. E. , Bonga D. and Atrigenio N. B. Dynamics of Integrated Coastal Management: PEMSEA's Experience ［J］. Coastal Management, 2006, 34 （3）: 303-322.

［5］ Colgan C. S. Measurement of the Ocean and Coastal Economy: Theory and Methods. National Ocean Economics Project, USA. www. OceanEconomics. org. 2004.

［6］ Cruz I. , Mclaughlin R. J. Contrasting Marine Policies in the United States, Mexico, Cuba and the European Union: Searching for an Integrated Strategy for the Gulf of Mexico Region ［J］. Ocean & Coastal Management, 2008, 51 （12）: 826-838.

［7］ Chang Jeong-In. A Preliminary Assessment of the Blue Economy in South Korea ［C］. PowerPoint Presented in the Inception Workshop on Blue Economy Assessment, Manila, 28-30 July 2015.

［8］ Chul-Oh Shin and Seung-Hoon Yoo. Economic Contribution of the Marine Industry to RO Korea's National Economy Using the Input-Output Analysis ［J］. Tropical Coast, 2009, 16 （1）: 27-35.

［9］ Dahuri R. , Rais J. , Ginting S. P. & M. J. Sitepu. Pengelolaan Sumberdaya Wilayah Pesisir dan Lautan Secara Terpadu （Integrated Coastal and Ocean Resources Development）. Second edition. Jakarta. Pradnya Paramita Publishers, 328.

［10］ Ebarvia M. C. M. Economic Assessment of Oceans for Sustainable Blue

Economy Development [J]. Journal of Ocean and Coastal Economics, 2016, 2 (2).

[11] Evers H. D. Measuring the Maritime Potential of Nations: The Cen PRISs Ocean Index, Phase One (ASEAN) [J]. MPRA Paper, 2010.

[12] Fahrudin A. Indonesian Ocean Economy and Ocean Health [C]. Power Point Presented in the Inception Workshop on Blue Economy Assessment, Manila, 28-30 July 2015.

[13] Forman R. T. T. Ecologically Sustainable Landscape: The Role of Spatial Configuration [M]. New York: Springer-Verlag, 1990.

[14] Hong P. China-ASEAN Maritime Cooperation: Process, Motivation, and Prospects [J]. China International Studies, 2015 (4): 26-40.

[15] Southeast Asia Energy Outlook 2015 [R]. International Energy Agency, Paris, France, 2015: 28-87.

[16] IEA. World Energy Outlook. Southeast Asia Energy Outlook 2017 [R]. International Energy Agency, Paris, France, 2017: 29-30.

[17] Jarayahand S., Chotiyaputta C. and Jarayahand P., et al. Contribution of the Marine Sector to Thailand's National Economy [J]. Tropical Coast, 2009, 16 (1): 22-26.

[18] Jin D., Hoagland P. and Dalton T. M. Linking Economic and Ecological Models for a Marine Ecosystem [J]. Ecological Economics, 2003, 46 (3): 367-385.

[19] Kaur C. R. Contribution of the Maritime Industry to Malaysia's Economy: Review of Past and Ongoing Efforts [C]. Power Point Presented in the Inception Workshop on Blue Economy Assessment, Manila, 28-30 July 2015.

[20] Khalid N., Ang M. and Joni Z. M. The Importance of the Maritime Sector in Socioeonomic Development: A Southeast Asian Perspective [J]. Tropical Coasts, 2009, 16 (1): 4-21.

[21] Kildow J. T., Mcllgorm A. The Importance of Estimating the Contribution of the Oceans to National Economies [J]. Marine Policy, 2010, 34 (3): 367-374.

[22] Kildow J. T., Colgan C., Scorse J. State of the U. S. Ocean and Coastal Economies 2009 [R]. National Ocean Economics Program, Monterey, CA. 2009a.

[23] Mcllgorm A. Ocean Economy Valuation Studies in the Asia-Pacific Region: Lessons for the Future International Use of National Accounts in the Blue Economy [J]. Journal of Ocean and Coastal Economics, 2016, 2 (2).

［24］ Mokhtar M. B. , Aziz S. A. B. A. G. Integrated Coastal Zone Management Using the Ecosystems Approach, Some Perspectives in Malaysia ［J］. Ocean & Coastal Management, 2003, 46 (5): 407-419.

［25］ Mazzarol T. Industry Networks in the Australian Marine Complex ［R］. CEMI Report, 2004.

［26］ Nazery K. , Margaret A. and Zuliatini M. J. The Importance of the Maritime Sector in Socioeconomic Development: A Malaysian Perspective ［J］. Tropical Coast, 2009, 16 (1): 16-21.

［27］ Neuss M. N. Who Are We and Where Are We Headed? ［J］. Journal of Oncology Practice, 2010, 6 (2): 111.

［28］ Othman M. R. , Bruce G. J. and Hamid S. A. The Strength of Malaysian Maritime Cluster: The Development of Maritime Policy ［J］. Ocean & Coastal Management, 2011, 54 (8): 557-568.

［29］ Park K. S. , Kildow J. T. Rebuilding the Classification System of the Ocean Economy ［J］. Ocean Economy Definition Classification Standard Scope Sector, 2014 (1).

［30］ Proceeding of the inception Workshop on Blue Economy Assessment. Manila, 28-30 July 2015.

［31］ Sustainable Development Strategy for the Seas of East Asia (SDS-SEA). PEMS EA, Quezon City, Philippines, 2015.

［32］ Framework for National Coastal and Marine Policy Development. PEMSEA Technical Report ［R］. No. 14, 2005.

［33］ Pinder, D. , and Pinder, D. Offshore Oil and Gas: Global Resource Knowledge and Technological Change ［J］. Ocean & Coastal Management, 2001, 44 (9): 579-600.

［34］ Regional Review: Implementation of the Sustainable Development Strategy for the Seas of East Asia (SDS-SEA) 2003-2015 ［R］. PEMSEA, 2015.

［35］ Rich D. C. Population Potential, Potential Transportation Cost and Industrial Location ［J］. Area 10, 1978.

［36］ Rikrik R. , et al. The Contribution of the Marine Economic Sectors to the Indonesian National Economy ［J］. Tropical Coasts, 2009: 54-59.

［37］ Romulo A. V. , Raymundo J. T. , Edward, E. P. Measuring the

Contribution of the Maritime Sector to the Philippine Economy [J]. Tropical Coast, 2009, 16 (1): 60-70.

[38] Saharuddin A. H. National Ocean Policy—New Opportunities for Malaysian Ocean Development [J]. Marine Policy, 2001, 25 (6): 427-436.

[39] SEAFDEC. Southeast Asian State of Fisheries and Aquaculture 2017. Southeast Asian Fisheries Development Center, Bangkok, Thailand, 2017: 1 - 35, 167.

[40] SEAFDEC. Fishery Statistical Bulletin of Southeast Asia 2014. Southeast Asian Fisheries Development Center, Bangkok, Thailand, 2014: 138-152.

[41] Siddayao C. M. The Off-Shore Petroleum Resources of Southeast Asia [M]. Oxford: Oxford University Press, 1978: 26-34.

[42] Sigfusson T., Arnason R. and Morrissey K. The Economic Importance of the Icelandic Fisheries Cluster—Understanding the Role of Fisheries in a Small Economy [J]. Marine Policy, 2013, 39 (1): 154-161.

[43] Sosmena G. C. Marine Health Hazards in Southeast Asia [J]. Marine Policy, 1994, 18 (2): 175-182.

[44] Jarayahand S., Chotiyaputta C. and Jarayahand P. Contribution of the Marine Sector to Thailand's National Economy [J]. Tropical Coast, 2009, 16 (1): 22-26.

[45] Talento R. J. Accounting for the Ocean Economy Using the System of National Accounts [J]. Ocean and Coastal Economics, 2016, 2 (2).

[46] The Marine Economy in Times of Change [J]. Tropical Coasts, 2009, 16 (1).

[47] Tuan V. S., Duc N. K. The Contribution of Vietnam's Economic Marine and Fisheries Sectors to the National Economy from 2004-2007 [J]. Tropical Coasts, 2009 (7): 36-39.

[48] Whisnant R., Reyes A. Blue Economy for Business in East Asia: Towards an Integrated Understanding of Blue Economy (PEMSEA), Quezon City, Philippines, 2015.

[49] The Comparative Economic Impact of Travel & Tourism 2016 [R]. https://www.wttc.org/research/economic-research/economic-impact-analysis/.

[50] World Bank. 2006. Country Environmental Assessment: Philippines [R].

http：//documents. worldbank. org/curated/en/566441468294318781/pdf/E1517. pdf.

［51］ World Economic Forum. The Global Competitiveness Report 2017-2018. 2017, available at：www. weforum. org/gcr.

［52］ World Economic Forum. The Global Enabling Trade Report 2016, http：//wef. ch/getr16.

［53］ The Master Plan and Feasibility Study on the Establishment of an Aseanroll-on / roll - off（RO - RO）ShippingNetwork and Short Sea Shipping Final Report Summary. avaliable at：http：//open_jicareport. jica. go. jp/pdf/12120630. pdf.

［54］ ASEAN stats. ASEAN Tourism Dashboard. 2017 ［R］. https：//www. aseanstats. org/publication/tourism-dashboard/？portfolioCats＝58.

［55］ ASEAN. 2004. Roadmap for Intergration of Tourism Sector ［R］. www. asean. org.

［56］ ASEAN. 2009. ASEAN Tourism Strategic Plan 2010 - 2015 ［R］. www. asean. org.

［57］ ASEAN. 2015. ASEAN Tourism Strategic Plan 2016 - 2025 ［R］. www. asean. org.

［58］ Association of Singapore Marine Industries ［EB/OL］. http：// www. asmi. com/.

［59］ Brander L. , F. Eppink. The Economics of Ecosystems and Biodiversity in Southeast Asia（ASEAN TEEB）. Scoping Study ［R］. ASEAN Centre for Biodiversity, https：//aseanbiodiversity. org/. 2015.

［60］ CESOI Maritime Institute of Malaysia. 2009. The Future of Malaysia's Maritime Economy ［R］. Malaysian Management Review. http：//mgv. mim. edu. my/ MMR/9812/981204. htm.

［61］ FAO Fishery and Aquaculture Country Profiles. Indonesia/Mayasia/Philippines/Vietam/Thailand 2017, available at：http：//www. fao. org/fishery/facp/ MMR/en.

［62］ FAO stats（2017） ［EB/OL］. http：//www. fao. org/fishery/statistics/ global-commodities-production/zh.

［63］ FAO. FAO Yearbook 2016. Fishery and Aquaculture Statistics ［R］. The Food and Agriculture Organization. USA, 2016：32-45.

［64］ Fourth ASEAN State of the Environment Report 2009 ［R］. Jakarta：

ASEAN Secretariat, October 2009, Printed in Malaysia, https：//www. mendeley. com/
research-papers/fourth-asean-state-environment-report-2009.

［65］ Lloyd's List. Top 100 Container Ports 2016 ［EB/OL］. http：//
www. worldshipping. org/about-the-industry/global-trade/ports.

［66］ Maritime Industry Authority of the Philippines, The Philippine Maritime
Industry：Prospects and Challenges in 2013 and Beyond ［EB/OL］. Manila,
2013. https：//www. mendeley. com/research-papers/philippine-maritime-industry-
prospects-challenges-2013-beyond/.

［67］ Masterplan：Acceleration and Expansion of Indonesia Economic Develop-
ment. 2011-2025 ［R］. pp. 31-33.

［68］ Miole, H. E. Workshop on Greener Ports in the ASEAN Region. The
East Asian Seas Congress 2009 "Partnerships at Work：Local Implementation and
Good Practices" ［C］. Manila, Philippines, 23 - 27 November 2009. http：//www.
homeofgeography. org/uk/news_2010/c08. 18_manila-nov09. pdf.

［69］ Ocean Health Index ［EB/OL］. http：//www. oceanhealthindex. org/
region-scores/key-findings.

［70］ 曹新. 可持续发展的理论与对策 ［M］. 北京：中共中央党校出版
社，2004.

［71］ 陈可文. 中国海洋经济学 ［M］. 北京：海洋出版社，2003.

［72］ 陈林生，李欣，高健. 海洋经济导论 ［M］. 上海：上海财经大学出
版社，2013.

［73］ 韩立民. 海洋产业结构与布局的理论和实证研究 ［M］. 青岛：中国
海洋大学出版社，2007.

［74］ 何广顺. 海洋经济统计方法与实践 ［M］. 北京：海洋出版社，2011.

［75］ 李景光. 国外海洋管理与执法体制 ［M］. 北京：海洋出版社，2014.

［76］ 任淑华. 海洋产业经济学 ［M］. 北京：北京大学出版社，2011.

［77］ 王正毅. 边缘地带发展论：世界体系与东南亚的发展 ［M］. 上海：
上海人民出版社，1997.

［78］ 吴士存，朱华友. 五国经济研究 ［M］. 北京：世界知识出版
社，2006.

［79］ 赵和曼. 越南经济的发展 ［M］. 北京：中国华侨出版社，1995.

［80］ 郑慕强，杨程玲. 东盟能源可持续发展研究 ［M］. 北京：经济科学

出版社，2016.

［81］朱坚真．海洋产业经济学导论［M］．北京：经济科学出版社，2009.

［82］国家海洋局．GB/T 20794—2006 海洋及相关产业分类［M］．北京：中国标准出版社，2006.

［83］曹林红．浙江省海洋产业发展与经济增长关系研究［D］．浙江理工大学硕士学位论文，2016.

［84］陈晓远．新马泰临港经济研究——基于产业集群视角［D］．厦门大学博士学位论文，2013.

［85］杜兴鹏．中国—东盟海上互联互通建设研究［D］．广西大学硕士学位论文，2015.

［86］盖美．近岸海域环境与经济协调发展的海陆一体化调控研究［D］．大连理工大学硕士学位论文，2003.

［87］李小波．越南海洋经济的发展及其对南海政策的影响［D］．暨南大学硕士学位论文，2014.

［88］孙瑛．海洋经济与社会经济发展和谐度研究［D］．中国海洋大学硕士学位论文，2009.

［89］谭文静．东盟五国海洋产业的比较研究［D］．厦门大学硕士学位论文，2013.

［90］吴云通．基于产业视角的中国海洋经济研究［D］．中国社会科学院研究生院博士学位论文，2016.

［91］于思浩．中国海洋强国战略下的政府海洋管理体制研究［D］．吉林大学博士学位论文，2013.

［92］余珍艳．中国—东盟海洋经济合作的现状、机遇和挑战［D］．华中师范大学硕士学位论文，2016.

［93］张焕焕．我国海洋产业国际竞争力研究［D］．哈尔滨工程大学硕士学位论文，2013.

［94］周罡．论环境资源制约下我国海洋产业结构的优化策略［D］．中国海洋大学硕士学位论文，2006.

［95］蔡鹏鸿．中国—东盟海洋合作：进程、动因和前景［J］．国际问题研究，2015（4）：14-25.

［96］戴桂林，孙晓娜．我国区域海洋经济发展潜力评价体系的构建与实证分析［J］．中国渔业经济，2013，31（2）：94-99.

［97］狄乾斌，韩增林．海洋经济可持续发展评价指标体系探讨［J］．地域研究与开发，2009，28（3）：117-121.

［98］董玉明．中国海洋旅游业的发展与地位研究［J］．海洋科学进展，2002，20（4）：109-115.

［99］范晓婷．我国海洋立法现状及其完善对策［J］．海洋开发与管理，2009（7）：70-74.

［100］方春洪，梁湘波，齐连明．海洋经济对国民经济的影响机制研究［J］．中国渔业经济，2011，29（3）：56-62.

［101］高孝伟，孔锐，周晓玲．中国省域经济发展潜力综合评价［J］．资源与产业，2014（6）．

［102］郭湖斌．新加坡建设国际航运中心的经验借鉴与启示［J］．物流科技，2013（6）：17-21.

［103］解三明．我国"十二五"时期至2030年经济增长潜力和经济增长前景分析研究［J］．经济学动态，2008（3）．

［104］国家海洋局科技司，辽宁省海洋局．海洋大辞典［M］．沈阳：辽宁人民出版社，1998.

［105］黄云静，张胜华．越南近年来发展海洋经济的主要举措——2007年越南《海洋战略》颁布之后［J］．南海学刊，2015，1（1）：96-104.

［106］黄瑞芬，曹先珂．基于层次分析法的沿海省市海洋科技竞争力比较与分析［J］．中国水运，2006（12）：186-189.

［107］胡振宇．中国海洋经济的国际地位——四大产业比较［J］．开放导报，2013（1）：7-13.

［108］姜旭朝，方建禹．海洋产业集群与沿海区域经济增长实证研究［J］．中国渔业经济，2012，30（3）：103-107.

［109］金延杰．中国城市经济活力评价［J］．地理科学，2007（1）．

［110］柯善咨，韩峰．中国城市经济发展潜力的综合测度和统计估计［J］．统计研究，2013（3）．

［111］雷小华，黄志勇．菲律宾海洋管理制度研究及评析［J］．东盟研究，2014（1）：64-72.

［112］廖重斌．环境与经济协调发展的定量评判及其分类体系——以珠江三角洲城市群为例［J］．热带地理，1999，19（2）：171-177.

［113］刘大海，李朗，刘洋，刘其舒．我国"十五"期间海洋科技进步贡

献率的测算与分析［J］.海洋开发与管理，2008（4）：12-15.

［114］刘明.我国海洋经济发展潜力分析［J］.中国统计，2009（12）.

［115］刘曙光，姜旭朝.中国海洋经济研究30年：回顾与展望［J］.中国工业经济，2008（11）：153-160.

［116］乔俊果.菲律宾海洋产业发展态势［J］.亚太经济，2011（4）：71-76.

［117］世界海洋经济发展战略研究课题组.主要沿海国家海洋经济发展比较研究［J］.统计研究，2007，9（24）：43-47.

［118］王芳.我国海洋经济发展潜力［J］.国土与自然资源研究，1999（1）：6-8.

［119］王勤.东盟区域海洋经济发展与合作的新格局［J］.亚太经济，2016（2）：18-23.

［120］王勤.东南亚蓝皮书：东南亚发展报告（2015-2016）［M］.北京：社会科学文献出版社，2016.

［121］吴崇伯.印度尼西亚新总统佐科的海洋强国梦及其海洋经济发展战略试析［J］.南洋问题研究，2015（4）：11-19.

［122］伍业锋，施平.沿海地区海洋科技竞争力分析与排名［J］.上海经济研究，2006（2）：26-33.

［123］席嘉珍.越南海上石油勘探开发简况［J］.海洋地质信息通报，1994（8）：10-11.

［124］熊敏思，缪圣赐，李励年等.全球渔业产量与海洋捕捞业概况［J］.渔业信息与战略，2016，31（3）：218-226.

［125］杨程玲.东盟海上互联互通及其与中国的合作——以21世纪海上丝绸之路为背景［J］.太平洋学报，2016，24（4）：73-80.

［126］杨程玲.印度尼西亚海洋经济的发展及其与中国的合作［J］.亚太经济，2015（2）.

［127］杨勇.简论资源、环境与经济间可持续发展关系［J］.云南地质，2003（1）：121-128.

［128］叶向东.APEC海洋经济技术合作的政策建议［J］.福州党校学报，2011（4）：23-26.

［129］于向东.越南全面海洋战略的形成述略［J］.当代亚太，2008（5）：100-110.

［130］余晓霞，米文宝.县域社会经济发展潜力综合评价——以宁夏为例

［J］．经济地理，2008（4）．

　　［131］赵昕，井枭婧．海洋经济发展与宏观经济增长的关联机制研究［J］．中国渔业经济，2013，31（1）：81-85．

　　［132］张繁荣，薛雄志．区域海洋综合管理中地方政府间关系模式构建的思考［J］．海洋开发与管理，2009（1）：21-25．

　　［133］郑敬高，范菲菲．论海洋管理中的政府职能及其配置［J］．中国海洋大学学报（社会科学版），2012（2）：20-25．

　　［134］周剑．海洋经济发达国家和地区海洋管理体制的比较及经验借鉴［J］．世界农业，2015（5）：96-100．

　　［135］周立波．浅论海洋行政执法协调机制若干问题［J］．海洋开发与管理，2008（4）：5-19．

　　［136］周秋麟，周通．国外海洋经济研究进展［J］．海洋经济，2011，1（1）：58-61．

　　［137］2016年中国海洋环境状况公报显示海洋环境风险依然突出［N］．人民日报，2017-03-22．

　　［138］商务部．巴育总理称泰国将进4.0［EB/OL］．http：//finance.sina.com.cn/roll/2016-08-17/doc-ifxuxnpy9812291.shtml．

　　［139］国家发改委，国家海洋局．全国海洋经济发展"十三五"规划［C］．2017-05-04．

　　［140］国家海洋信息中心．《2014年美国海洋与海岸带经济报告》综述［J］．海洋经济动态，2014（1）．

　　［141］国务院．国务院关于印发全国海洋经济发展"十二五"规划的通知［EB/OL］．

　　［142］《联合国海洋法公约》采用与修订时间表［EB/OL］．http：//www.un.org/Depts/los/reference_files/status 2010.pdf．

　　［143］中国经济网．我国海洋经济三次产业结构进一步优化海洋经济驶入深度调整期［EB/OL］．http：//finance.ifeng.com/a/20160114/14167077_0.shtml．

　　［144］印度尼西亚海洋产业发展潜力巨大［N］．印度尼西亚《国际日报》，2013-10-07．

　　［145］越南通讯社．2020年后越南海运经济有望位居第一位［EB/OL］．http：//zh.vietnamplus.vn/2020年后越南海运经济有望位居第一位/41328.vnp．

　　［146］越南拟优先发展7个优势产业［N］．越南经济时报，2010-03-02．

［147］中国—东盟合作：1991-2011（全文）［EB/OL］. http：//www. fmprc. gov. cn/chn//pds/gjhdq/gjhdqzz/lhg_14/xgxw/t877316. htm.

［148］新华社. 中国—东盟务实推进港口城市合作网络助力区域互联互通［S］. 2017-09-14.

后 记

　　本书是广东省高等学校优秀人才项目与汕头大学科研启动项目的阶段性成果。本书包括基本理论、框架构建、概况分析、关系研究、潜力剖析、结论与建议。

　　在本书即将完成时，首先要感谢汕头大学出版基金对我持续研究东南亚经济的计划给予了充分肯定和资金支持，从而更加坚定了我的信心。其次，要感谢对本项目给予具体指导和帮助的厦门大学王勤教授。最后，要感谢经济管理出版社编辑认真负责的工作，给予我很大的鼓励和鞭策。

　　本书的难点之一是东盟海洋数据的收集，为确保在数据真实性和资料可靠性基础上获得更多的信息，我有幸到南洋理工大学、澳门大学访学，并得到了李明江教授、张宏州研究员、龚雪研究员等的帮助与指导。

　　今后，我将继续沿着这一主线开展更加深入、扎实的科学研究，以期不断取得新的研究成果。

杨程玲

2020 年 5 月 20 日于汕头大学